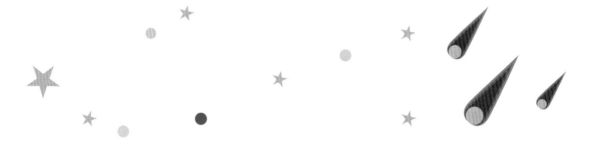

有毒动物的故事

Youdu Dongwu de Gushi

小·牛顿科学教育公司编辑团队 编著

北京时代华文书局

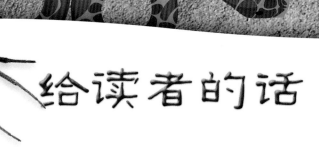

给读者的话

　　探究自然规律的科学，总带给人客观、冰冷和规律的印象，如果科学可以和人文学科搭起一座桥梁，是否会比较有"人味儿"，而更经得起反复咀嚼、消化呢？

　　《小牛顿科学故事馆》系列，响应现今火热的"科际整合"趋势，秉持着跨"人文"与"科学"领域的精神应运而生。不但内含丰富、专业的科学理论，还以叙事性的笔法，在一则则生动有趣的故事中，勾勒出重要科学发现或发明的时空背景。这样，少年们在阅读科学理论时，也能遥想当时的思维脉络，进而更关怀社会，反省自己所熟悉的世界观，是如何被科学家和他们的时代一点一滴建构出来。

　　《有毒动物的故事》第一章"这只动物有毒"作为开篇引导，大部分的人们因为刻板印象或是经验而对有毒的动物感到恐惧，事实上回溯以前的人们对毒物的印象，大多是邪恶或是神圣崇尚的象征，但同时也会善加利用它们，可见有毒动物从远古文明开始就与人类有着相当密切的关系。第二章"动物的生化武器"讲述有毒动物是怎么来的，动物是怎么演化出毒液，许多动物的毒液最后怎么消失。第三章"致命危机四伏"则是探讨环境如何影响动物产生毒素，什么样的环境适合有毒动物，以及为了适应环境，有毒动物怎样发展出相应的策略。第四章"大自然中的美艳陷阱"说的是许多有毒动物为何色彩如此鲜艳亮丽，以及因为出现这样的警戒色如何影响了周遭其他动物的拟态变化。第五章"演化中的军备竞赛"讲解其他动物在面对有毒动物时，身体内会发展出什么样的抗毒策略，最后演变成有毒动物与抗毒动物之间的"军

备竞赛"的趣味知识。结尾"在毒吻下生存"一章，探讨谁才是世界上最毒的动物？哪个是最能够致死的有毒动物？接下来，介绍我们人类为了解毒而发展出抗毒血清，最后在研究毒液中发现毒液里也有治病的成分。

后面的附录中我们特别绘制在面对毒蛇与毒蜂攻击时该怎么自行急救的图示，帮助大家在野外遇到意外时能保护自己。另外，还特别分门别类列出世界上有哪些动物是有毒的物种，制作成一幅树形图，给大家归纳、整理，帮助大家了解哪些动物有毒，应该要注意。

在今日快速变动的世界，唯有持续阅读与对不同学科进行思考，才能在时代巨流中找到自己的定位，《小牛顿科学故事馆》系列书籍跨领域、重思考、好阅读，能够帮助少年们了解科学理论的背景与人文因素，掌握科学的本质及运作方式，培养"通才"的胸襟及气度！

目 录

这只动物有毒
人类最惧怕的生物   4

动物的生化武器
毒液的取得与演进   14

致命危机四伏
环境对有毒动物的影响   28

大自然中的美艳陷阱
动物的警戒色与拟态   40

演化中的军备竞赛
毒物与抗毒者的协同演化   50

在毒吻下生存
毒液研究与救命解药   62

附录 1   被毒蛇咬伤后的紧急处理
附录 2   有毒动物种类分布
附录 3   被毒蜂蜇伤后的紧急处理

这只动物有毒
人类最惧怕的生物

箭毒蛙

绒蛾幼虫

鸭嘴兽

潜伏在周遭的死亡危机

有一天，你在树丛中发现一只色彩鲜艳美丽的青蛙，你好奇地抓起青蛙把玩，之后你直接拿东西吃。

不久后，你死了。

这一天，你看到水里有一只漂亮的蓝色章鱼，你把章鱼抓出水面爱不释手地玩弄一番。

接下来，你还是死了。

这一次，你在树叶上看到一只奇特的毛毛虫，这只毛毛虫身上长着毛茸茸的柔软绒毛，你忍不住伸手轻轻抚摸一下。

这样一来，你还是会死。

这一回，你在水池中找到一只非常奇怪的动物，

有毒动物档案

蓝环章鱼

学名●*Hapaloch laena lunulata*

分类●软体动物 蓝圈章鱼属

体形●不超过5厘米

栖地●太平洋西岸，从日本到澳大利亚都有分布

！毒性强度 　　　　　　　　　　　　　　　　**极强**

极高，带有河豚毒素，全身毒素可杀死多达26个成年人。

它有像鸭子般扁扁的嘴巴，像河狸一样宽扁的尾巴，四只脚上却有蹼。你把它从水池中抓起来，却没注意到后脚上的刺，不小心被刺到一下。

接着，你虽然不会死，但是会感觉到剧烈的痛楚，会感到恶心、大量出汗，强烈的痛苦会持续好几天，你会感到生不如死。

大自然中存在着这些有毒动物，像是眼镜蛇、响尾蛇、银环蛇等有剧毒的蛇类，或是虎头蜂、黑寡妇蜘蛛、蝎子、蜈蚣等节肢动物，还有僧帽水母、芋螺、魟（hóng）鱼、海胆等水生动物。它们有些具有毒刺、毒牙。这些构造只要稍有不慎刺入人体内，就可能会产生中毒现象，轻则可能会麻痹、灼热痛楚、上吐下泻，重则让人感到呼吸困难、痛苦不堪、动弹不得，甚至可能会致死！多了解这些有毒动物的相关知识，避免自己受到攻击，或因好奇心而随意触碰。

许多人在知道该动物是有毒的时候，会产生过度的抗拒反应，形成这些毒物负面的刻板印象。有句俗话"一朝被蛇咬，十年怕井绳"，一旦被这种可能致命的蛇攻击后，就会从此避开并敬而远之。新闻中不

时会报道毒蛇咬伤人或是毒蜂蜇伤人的事件，尤其当被攻击的人中毒却送医不治时，我们会更觉得这些毒物很恐怖。事实上，在现代医疗环境进步的情况下，被毒蛇咬伤中毒致死的事件已经减少很多，反而是因为过于害怕而造成过度反应，人们误杀大量的蛇。

事实上，大部分的有毒动物通常是为了保护自己才会攻击敌人。如果不是惊动它们或是侵入地盘，使它们觉得生命受到威胁，它们很少会主动攻击人。即使是拥有致命剧毒的眼镜蛇，也会高高竖立起它的头部示威。这个行为其实是在警告敌人不要主动靠近，否则它会为了保护自己而进行攻击，它其实更害怕我们，如果这时悄悄远离它，双方都不会有事。

人类对毒物的恐惧

人类害怕死亡，因此也会害怕取人性命的有毒动物，认为它们能轻易掌握人的生与死，于是对这些毒物产生敬畏又恐惧的复杂心情。古代的人们会将这些剧毒的动物编入神话或传说的故事情节中，表达他们心中的惧怕或尊敬。尤其以蛇类的传说故事最广泛出现在世界各地中，不论西方和东方，早期的人类创造的故事中，蛇经常被视为邪恶或恐怖的象征。

西方世界的圣经故事里的叙述对后世人类造成很大的影响。《圣经旧约》创世纪篇章中记载，神创造的第一对人类——亚当与夏娃原本生活在伊甸园中，但是因为蛇引诱夏娃与亚当去偷吃禁果，结果两人吃过禁果后，原本不害怕赤身露体的他们却开始害怕被看见，便拿无花果树的叶子做衣服遮挡。上帝发现以后，便将他们赶出伊甸园并诅咒他们。作为惩罚，女

黑寡妇蜘蛛

黑寡妇蜘蛛毒液的毒性很强，不过因注射剂量少而较少有致命案例，但毒液会对人的神经系统造成很大的伤害。黑寡妇蜘蛛身上呈黑亮色，只有腹部中间会有一个类似沙漏的红标记，特征非常明显。由于雌蜘蛛交配后为了补充产卵营养，会将雄蜘蛛吃掉，因此才被称为"黑寡妇"。事实上，许多种类的雌蛛都会这么做。

人在生产时会承受强烈的痛苦，男人则要终身劳苦工作。因此，偷食禁果被认为是人类的原罪及一切其他罪恶的开端，引诱他们偷吃禁果的蛇也被视为恶魔般的存在。

除此之外，西方文化的不少神话传说中，也都会将巨蛇形容为可怕的怪物或强大的敌人。如《圣经》中七宗罪之一的利维坦，形象为一种巨蛇般的怪物。北欧神话中的巨大海蛇耶梦加得是邪神洛基的孩子之一，也是诸神黄昏中的强大敌人。最后雷神索尔与之交战，虽然索尔成功击中耶梦加得，但巨蛇的毒液也侵入索尔的身体，结果双方同归于尽。希腊神话中还有可怕的传说生物九头蛇海德拉，如果砍断一个头还会再生出两个来，最后由大力士赫尔克里士斩除掉。埃及神话中太阳神"拉"在夜晚对抗的巨蛇"阿培普"，象征混乱并希望世界陷入永久的黑暗。其他还有像民间传说中的怪物蛇鸡，即以公鸡与蛇的形象融合而成的奇妙生物，据说它只要与谁对视，那个人就会丧命。

东方的传说故事中也不乏出现如蛇妖、蛇精的妖魔怪物，如《山海经》中，也有许多以蛇为原型的妖怪，例如巴蛇、化蛇、双头蛇、相柳等，在日本文化里也有传说中的蛇妖八岐大蛇。从古至今多数世人不约而同，都将蛇形容为邪恶与可怕的负面象征。其他的有毒动物虽然不像蛇类广泛受到嫌弃，但形象也往往被形容为恐怖的魔物，如蝎尾狮、蜘蛛精、丑陋的蛤蟆精，等等。此外，"蛇蝎美人""蛇蝎心肠"这类形容人坏心眼的负面成语，也会把拥有剧毒的动物凑在一起使用。

蛇鸡

蛇鸡是一种鸡身蛇尾的怪物。据说蛇鸡是由公鸡生蛋，并且由蛇或蟾蜍（chán chú）负责孵蛋而诞生。民间传说认为蛇鸡能利用可怕的目光置人于死，谁跟它对视就会丧命。

对毒物的崇敬与神话传说

不过，在早期人类的文明里，蛇类倒是经常为人类崇拜与尊敬，甚至是神格化。

古埃及人对蛇相当崇敬，埃及眼镜蛇是守护女神瓦吉特的形象代表。古法老王的头饰上也有一只昂首的眼镜蛇，象征统治者的权威与神力，亦被称为"神圣的毒蛇"。印度也是崇拜蛇的国度，毗（pí）湿奴便是以七头蛇神婆苏吉作为搅拌乳海的工具。古希腊人发现蛇在蜕皮后变得更有光泽、更健康，因此将蛇视为重生或痊愈康复的象征，医药之神便以蛇为形象。中美洲玛雅与阿兹特克文明里更是信奉一位重要的神祇"魁札尔科亚特尔"，其形象为长着羽毛的蛇神，又被称为羽蛇神。

中国古代把龙视为吉祥的象征，龙的形象又与蛇类似，因此人们又将蛇称为"小龙"，有时还视其为龙的化身。此外，蛇也是十二生肖之一，对应地支"巳（sì）"。中国古代传说中还有一种能飞行的蛇叫作螣（téng）蛇，被认为是五方神兽位居中央的一员，其他四方神兽之一玄武也是龟与蛇结合的形象。古代神话传说中的女娲则是半人半蛇的形象，女娲造人被认为是神话中创造人类的起源，"女娲补天"平息天地灾变的故事也为人津津乐道。

蛇类以外的有毒生物也有不少神话传说故事，如埃及的神祇塞尔凯特，在埃及神话中是保护人们免于毒虫蜇（zhē）咬的女神，经常被描绘成一只蝎子或头上有蝎子的女性。希腊神话中还有一只天后希拉派出去杀死猎户欧利安的毒蝎子，这只蝎子后来成为星空中的天蝎座，因为害怕猎户欧利安寻仇，所以天蝎座

羽蛇神

中美洲文明普遍信仰羽蛇神，其形象为长着羽毛的蛇，阿兹特克人称为"魁札尔科亚特尔"（Quetzalcohuatl），玛雅人则称作"库库尔坎"（Kukulkan）。羽蛇神被认为是天地之神，主宰星辰、历法，也发明了农耕与文明，还代表着丰收与智慧。玛雅人建造库库尔坎金字塔来祭拜，上面有羽蛇神的雕刻与图纹。

女娲

中国神话中女娲是人类的始祖，半人半蛇身，以黄土造人。水神共工撞倒世界支柱不周山，导致天塌陷，酿成灾害。女娲不忍人类受灾，于是炼五色石补天，使人类得以安居，即为"女娲补天"的故事。

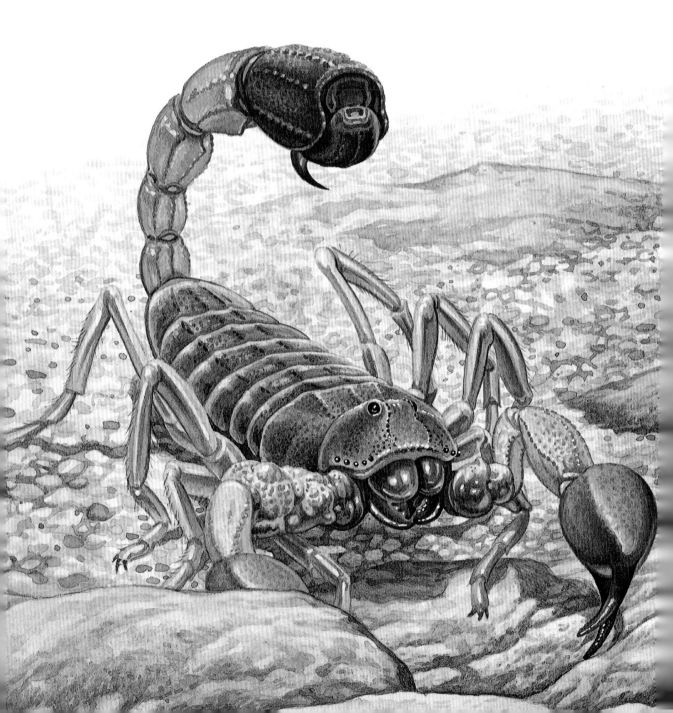

永远与猎户座在天球上相反的位置，这对仇敌不再碰面，永远不会在星空中同时出现。

蜘蛛在东方被认为是吉祥的象征，尤其蜘蛛结网多被认为是吉兆，预示着升官、发财、避灾、来客等。不过在罗马神话中则有这样的故事：一位女孩阿拉克涅有高超的编织技术，但是过于骄傲自大而挑起一场与女神密涅瓦的织布比赛，因为自己的傲慢，作品无法和密涅瓦完美的织品媲美，她编织出的图案又是对神大不敬的讽刺作品，密涅瓦震怒之下撕掉她的作品，也因为她傲慢、不敬天神的态度，便惩罚她往脸上滴数滴汁液，阿拉克涅的身体皱缩起来，缩小变黑成为一只蜘蛛，从此永远不停地吐丝织网，成为现在蜘蛛的由来。

从过去人们的想象与记载的神话传说中，可以发现人们对于这些毒物，既感到害怕而将其形容为负面邪恶的象征，同时也十分尊崇而使其成为吉祥或神格化的象征。无论是哪一种，都表示人们一直以来对有毒生物都很重视。

毒物的利用

在以前医学知识不足的情况下，古人并不清楚毒液有什么样的成分，为什么会致死。只有"被这条蛇咬到人会丧命，所以它是危险的毒蛇"这般粗浅的概念而已。但即使不知道为什么这些有毒动物会让人中毒，却还是能利用这些毒物来达到不同的目的。

既然知道中毒可以让人产生麻痹、疼痛等不适感，剧毒能够致死，何不拿来作为对付猎物跟敌人的工具

吹箭上的箭毒

箭毒蛙身上有致命的毒液，南美洲的原住民懂得将这种毒液抹在吹箭上，射中猎物时就可以让猎物中毒麻痹，成为好用的打猎工具，箭毒蛙的名称也是因为这个原因而来的。

作为中药材的蝎子

蝎子被晒干后，也常常拿来当作珍贵的中药材。

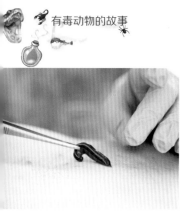

水蛭疗法

以前的西方医学深受古希腊学者希波克拉底影响而发展出四体液学说，认为身体内有四种体液，分别是血液、黏液、黑胆汁及黄胆汁。如果身上坏血太多，医者就会将水蛭放在皮肤上吸血，让体内的坏血被吸除，使用水蛭吸血的疗法也被传播开来。

呢？南美洲的原住民其实已经知道箭毒蛙有剧毒，于是会拿箭毒蛙的毒液涂在箭矢上，如此一来只要箭矢射中猎物就会使其中毒麻痹，动弹不得，打猎也会变得更加轻松。除了猎物，古时候的刺客也会萃取生物的毒液涂在武器上，使用暗箭或匕首行刺要除掉的目标，就算没有刺杀成功，不小心让目标逃脱，只要划出伤口目标也会中毒死亡。

中国古代的传说中，有一种有毒的鸟叫作鸩（zhèn）鸟，相传将它的羽毛浸泡在酒里，就可以制作成剧毒的鸩酒，人喝下去就会被毒死。虽然鸩鸟在现实中并不存在，但据说鸩鸟以毒蛇为食。古人认为它多食毒蛇，这些蛇毒随着汗水渗透到羽毛中，因此鸩鸟的羽毛才含有剧毒。

毒也能拿来治病救人。中国传统的中药材中，有时也可以看见使用有毒的动植物作为治病的药材，比如蛇、蜈蚣、蝎子、蟾蜍这些有毒性的动物就可以被制成中药材。这些中药材虽然含有毒性，但如果适量使用就能够达到疗效，而不会产生太大的副作用。使用中药时，应该注意要遵照医师嘱咐使用，不可以当

有毒动物档案

黑眶蟾蜍

学名 *Duttaphrynus melanostictus*

分类 两栖类 蟾蜍科

体形 雄性体长 5—6 厘米，雌性可达 9 厘米以上

栖地 中国华东与东南亚地区

毒性强度 ▮▮▮▮▮▮▮▮ 中

对黏膜有刺激作用，如果毒液射入眼睛，不及时处理可能导致失明。

补药来吃，也不可以随意加大剂量。一旦出现中毒症状，必须尽快到医院治疗。

西方世界过去曾经使用有毒的动物作为民俗疗法，像是蜜蜂或毒蛇，甚至还会使用水蛭作为治疗。因为中世纪欧洲的医学认为身体内有四种体液，分别是血液、黏液、黑胆汁及黄胆汁，概念有点类似中国的阴阳五行，并且和阴阳五行说一样讲究身体内的平衡。如果皮肤变红，表示身体内的坏血太多了，必须使用放血疗法或是用水蛭吸血来清除干净。

中国人也经常将蛇的各部位当药物使用。中国第一部药物学著作《神农本草经》曾提及蛇蜕可治疗癫痫和肠痔；《本草经集注》则增加蚺蛇和蝮蛇两种药用记录；明朝李时珍著的《本草纲目》则将可作为药用的蛇增加到十种以上。另外，蟾蜍在很早之前就作为药引，《本草纲目》也有记载"蟾蜍入阳明经，退虚热，行湿气，杀虫，为疳（gān）病、痈疽（yōng jū）、诸疮要药也"。而蟾蜍耳后腺及皮肤腺体的分泌物即是中药材蟾酥，有解毒止痛的功效。此外，蝎子也是其中名贵的有毒中药，有祛风、定痉、止痛、通络、解毒的作用，但用药过量就会造成中毒，出现肢体麻木、头昏发热、全身不适、痉挛、恶心呕吐等现象，重者则会因呼吸中枢麻痹而死亡。

中医药材用药历来有"以毒攻毒"之说，是指某些毒性较大的药物却有解毒等显著的治疗作用，因此会使用这些有毒药物做医疗用。在确保用药安全的前提下，可以适量使用这些有毒药物来治疗严重、顽固且难以治愈的疾病。

注射蛇毒血清

蛇毒血清是借由取得的蛇毒引发免疫反应所产生的血清抗体，可以治愈被毒蛇咬伤的受害者。

《本草纲目》

《本草纲目》是中国历史上草药学集大成之巨作，完成于明代。作者李时珍耗费27年的时间完成，经过多次改写与修订，改进以前的草药分类并纠正错误，叙述也更条理完整。除了药草分类，还加入宝贵的医学数据。因丰富的内容，它不仅是药物学著作，也是影响世界的博物学著作。

动物的生化武器
毒液的取得与演进

乔治·萧

乔治·萧（1751—1813年）是最早检验鸭嘴兽标本并进行科学描述的博物学家，并将其描述写在自己的著作《博物学家文集》中，于1799年出版发表。

怪异却又致命

你肯定会觉得这只动物非常奇怪，像水獭一般的身体、如鸭子一样扁扁的嘴巴、像河狸一样宽大扁平的尾巴，以及像鹅掌般长有蹼（pǔ）的脚。怎么可能会有这种半鸟半兽的动物呢？但是这种怪异的四不像组合真的出现在鸭嘴兽身上。

这个疑惑早在1798年就有了，一位大英历史博物馆的博物学家乔治·萧收到了来自澳大利亚的鸭嘴兽标本。首次发现这个奇特的动物后，他根本不敢相信世界上真的有这种动物存在，甚至怀疑自己收到的标本是标本师精心设下的恶作剧，认为这是用鸭子的嘴、水獭的身体与河狸的尾巴拼凑缝合起来的，他本人甚至还特意去检查有没有缝线，最后才承认这是真实存在的生物。因为鸭嘴兽兼具爬虫类与哺乳类的特征，因此也成为研究生物演化历程的重要对象。

虽然鸭嘴兽具备许多稀奇古怪又难以想象的特征，不过却有一个最为不可思议的特征，其怪异程度远远超过其他。在目前已知的5416种哺乳动物当中，只有雄性鸭嘴兽才具有毒刺。

鸭嘴兽在出生时，后脚都长有毒刺，只不过雌鸭嘴兽在出生后一年，毒刺会自动消失，只有雄鸭嘴兽的毒刺会继续生长。成熟时毒刺长 1.5 厘米，内部是中空的，与大腿里的毒腺相连。毒性的强度有季节性，在繁殖季时毒性最强。

这根毒刺相当不起眼，位于后脚跟上的一根能分泌毒液的钩爪，多亏在 1818 年刺中一个倒霉鬼才发现它身上的这个构造。约翰·贾米森爵士打算与自愿帮忙的助手把一只鸭嘴兽从水里拉出来，结果在过程中无意间让鸭嘴兽的毒刺刺进助手的手里，这才发现原来这只奇特的哺乳动物是有毒的。后来观察那位助手被鸭嘴兽毒刺扎伤后的状况，发现伤口迅速肿胀产生水肿，

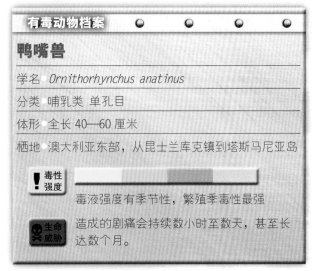

有毒动物档案

鸭嘴兽

学名 *Ornithorhynchus anatinus*

分类 哺乳类 单孔目

体形 全长 40—60 厘米

栖地 澳大利亚东部，从昆士兰库克镇到塔斯马尼亚岛

！毒性强度 毒液强度有季节性，繁殖季毒性最强

☠ 生命威胁 造成的剧痛会持续数小时至数天，甚至长达数个月。

受伤的助手大量出汗、呕吐，看起来非常痛苦。不过还好鸭嘴兽的毒刺虽然会让被刺到的人痛苦万分，却并不致命，但这不代表就能轻视，鸭嘴兽的毒性会让人剧烈疼痛到无法行动，而且即使过了好几天甚至好几个月疼痛感觉仍会持续，让人痛不欲生。

鸭嘴兽实在是长得太过奇特了，从被发现就引起众多科学家的争论。从最开始标本怀疑是缝合拼凑出来的，想从标本上找到线头，再到它的长相、特征、分类、生理结构等。每一次争论都能让科学家大感惊奇，世界上竟然会有这种动物。这些争论持续百年之久，后脚上的毒刺也在这些争论之中。即使已经发现

鸭嘴兽

鸭嘴兽可以说是世界上最奇特的动物之一，身上有皮毛，脚上又有蹼，是卵生却又能分泌乳汁，长有滑稽的鸭嘴与扁平的尾巴却又长有剧毒的毒刺。从被发现以来，科学家在它身上的辩论持续了百年。

了毒刺而且有受害者出现，还有人坚持认为后脚上的突刺没有毒液，这其中也包括"进化论之父"查尔斯·达尔文。其实会有这样的误解，也是因为不是所有的鸭嘴兽都有毒刺。

鸭嘴兽在出生时都长有毒刺，只不过雌鸭嘴兽在出生后一年，毒刺会消失成为突刺痕迹。只有雄鸭嘴兽的刺会继续存在，但雄鸭嘴兽的刺也不是随时都有毒，毒液是有季节性的。在繁殖季时，为了争夺雌鸭嘴兽而打架时，雄鸭嘴兽的刺才会分泌毒液，竞争配偶时用毒刺让对手中毒，产生肿胀与剧痛，看谁能忍

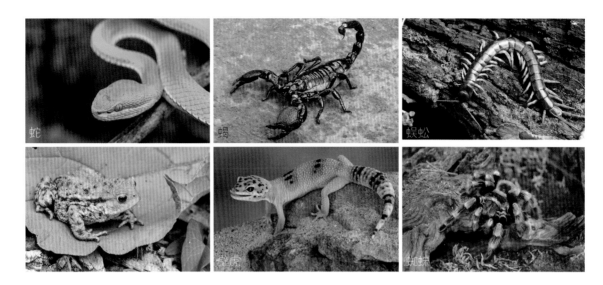

蛇　蝎　蜈蚣

蟾蜍　壁虎　蜘蛛

耐到最后，谁就能获得胜利，抱得美人归。所以鸭嘴
兽的毒刺与其说是为了保护自己，不如说更像是为了
争取配偶而存在。

施毒者与拥毒者

　　世界上能分泌毒液的物种有很多，而且分布在各
种类别里。如前面提到的鸭嘴兽是哺乳动物，跟其他
类别相比，哺乳动物中能分泌毒液的物种数相当稀少，
只有 12 种。刺胞动物门包含水母、海葵、珊瑚等，整
个门超过 10000 种全都会分泌毒液。不过相比之下，
能分泌毒液的节肢动物数量则更多，包括蜘蛛、胡蜂、
蜈蚣、蝎子等。人类所在的脊索动物门中，除了少数
哺乳动物，其他能分泌毒液的鱼类、蛙类、蛇类数量

毒腺
黏液腺

也不少。

中国传统民间就有著名的五种有毒动物的说法，合称"五毒"，是指蛇、蝎、蜈蚣、壁虎和蟾蜍。然而这五种动物中，壁虎其实没有毒性，所以后来有人将五毒改成蛇、蝎、蜈蚣、蜘蛛及蟾蜍。不过蟾蜍与其他四种动物不太一样，它无法主动将毒液注射到动物体内，因此有些动物学者认为应该把蟾蜍换成蜂，五毒应该为蛇、蝎、蜈蚣、蜘蛛和蜂。

怎么会有这么多种动物都有毒液呢？在自然界中，动物的毒液存在目的无非就只有这两种：捕食与防止被捕食。利用毒液来帮助捕食猎物，或者是对抗天敌捕食者防止自己被吃，增加生存的机会。让没有尖牙利爪、没有巨角武器、体形小又没有力气的弱小动物们，有对抗大自然的独特力量。

有毒动物身上都是具有毒的，但严格来说，依照毒液的不同作用方式，有毒动物分成这两种：一种是"有毒液的"(venomous)，另一种是"有毒性的"(poisonous)。虽然在中文里将两种都笼统概括为"有毒的"，但在其他语言像英语里就有很明显的区分：

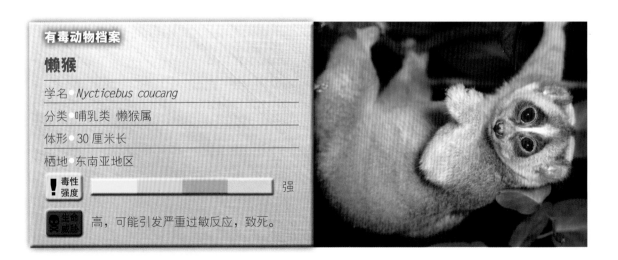

有毒动物档案

懒猴

学名 *Nycticebus coucang*

分类 哺乳类 懒猴属

体形 30 厘米长

栖地 东南亚地区

毒性强度 ▮▮▮▮▮▮ 强

生命威胁 高，可能引发严重过敏反应，致死。

有毒动物档案

球刺鲀

学名　*Diodon nicthemerus*

分类　鲀形目 二齿鲀科

体形　体长可达 40 厘米

栖地　分布于澳洲西部及南部海域

| ！毒性强度 | | 极强 |

| ☠生命威胁 | 具有河豚毒素，毒素估计可杀死 30 个成年人。 |

venomous(有毒液的) 及 poisonous(有毒性的)。

"有毒液的"是指动物将自己存的毒液用特殊方式注入其他动物体内。通常是经由主动蜇叮或咬伤的方式送入毒液，使敌人麻痹或中毒无法行动。这种具有攻击性的动物，可以说是"施毒者"。常见的毒蛇、胡蜂、蝎子、蜘蛛等动物，它们身上具有毒牙口器或是蜇针，能将里面的毒液注入其他动物体内。除了鸭嘴兽以外，地球上还有一种稀奇古怪的哺乳动物能分泌毒液，其注入毒液的方法也非常与众不同。懒猴是目前已知唯一一类有毒的灵长类动物，这种栖息在东南亚热带雨林里的小型夜行性灵长类，下颌有紧密并排的细长门牙和犬齿（共 6 颗），齿间的缝隙能够储存造成剧痛的毒液。不过它的毒液并不是从毒牙中产生，而是在肘部的腺体内分泌。懒猴会先将这些毒液分泌物收集起来涂到颜面和牙齿上，这样通过啮咬就能将毒液注入敌人体内。

"有毒性的"则是指动物身上有毒液或有毒素在体内，如果有其他动物来攻击或吃下这些有毒动物，就会中毒。通常这种动物是被动地等到敌人行动后使其受到毒液攻击，经由皮肤吸收、进食或呼吸进入敌

苏轼

苏轼不只是文学家，还是个挑剔的美食家，相传东坡肉就是他发明的。苏轼好美食之名广为流传，话说苏轼来到常州士大夫家，大啖（dàn）河豚肉，最后脱口而出："值得一死。"听闻者无不大悦。后来流行了俗谚"拼死吃河豚"。

人身体，使之产生疼痛、麻痹、恶心等中毒现象，甚至是死亡，其他动物就知道不要再招惹它们。这样这些有毒性的动物就可以防止自己被捕食，增加生存机会。这种动物是偏向防御的，可以说是“拥毒者”。上述的五毒之一蟾蜍就是在皮肤表面有产生毒液的腺体，如果敌人吃下去就会中毒。河豚也是一种有毒性的动物，虽然自古以来被视为美食之一，但是河豚体内含有剧毒，多在内脏中，依不同物种也可能在肌肉、血液等不同部位，吃下去会中毒致死。但即使明知有毒，也阻止不了美食家想一尝极度美味的河豚肉，就连苏轼也不禁在《惠崇春江晚景》诗中写下“正是河豚欲上时”，冒着风险也要吃到河豚肉。因此不时也会传出美食家因河豚料理处理不当造成意外中毒身亡，可谓“拼死吃河豚”。现在对河豚的研究以日本最深入，而日本也只有严格训练并领取执照的厨师才能处理河豚，吃河豚也不再需要那么冒生命危险。

毒液的演进

一般来说，任何对生物造成伤害或不适反应的物质都可以说是毒物(poison)，其中由生物体产生的毒物被称为毒素(toxin)，而毒液(venom)就是动物分泌出来的一种毒素。比起毒物多指无机化合物分子为主的致命物质，毒素通常是以蛋白质有机物组成的大分子。这些蛋白质会干扰生物体内正常的运作，破坏生物体的生理系统，以达成麻痹、疼痛、瘫痪甚至是死亡。如有些动物毒液的成分是神经毒素，这些神经毒素会影响动物的神经系统，其中有些蛋白质可能会作用在神经细胞上的乙酰胆碱受体，影响神经的传递，使中毒者感到剧烈疼痛或是麻痹等痛苦的感觉。

毒液(venom)、毒素(toxin)、毒物(poison)包含的范围略有不同。

毒物(poison)

毒物是指所有能对生物造成不适反应的物质的总称，包含生物体产生的蛋白质有机分子以及工业产生的无机化合物，也包含重金属元素与化学物质。

毒液(venom)

毒液则是指动物分泌出来的毒素，而一种动物的毒液通常会有许多种致命的毒素。

毒素(toxin)

毒素则是针对生物体产生的毒物，而非无机化学分子。

由于毒素需要有细胞上相应的受体才会有所反应，所以不同动物的毒液造成的伤害也会不同。蛇毒能分成两大类：出血性毒液和神经性毒液。两种毒液造成的症状完全不一样，而每种蛇的毒液又有不同的差别。此外，毒液在不同动物身上的反应也会不一样，有些毒液可能极少量就能使某种动物死亡，但在其他动物身上却没有任何作用。有些毒液对特定的物种才会有效果，可以说毒液造成破坏的严重程度因不同物种而异。

毒蛇的毒液和毒牙种类

1.唾液腺　2.毒腺　3.毒牙

无毒类

无毒蛇类的牙齿比较细小，成排出现。

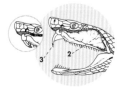

管牙类

这类的毒牙像针筒，牙齿的末端有肌肉和膜与上颌连接，可以活动，闭口时便向后弯曲收在口腔内。蝰蛇科蛇类大多是这种牙齿。

前沟牙类

毒牙长在最前端，沟槽变小，也能控制毒液的流出。眼镜蛇大多属于此类，其牙尖上有小孔，可以喷出毒液。

后沟牙类

这类的毒牙的牙型较大，并且长在接近喉部的地方，牙上有沟槽，毒液会渗流出来。黄颔蛇科的毒牙便属于这一种。

毒蛇两大毒液种类

虽然蛇毒种类复杂繁多，但通常可以简单分成两大类别：出血性毒液与神经性毒液。

出血性毒液会使伤口出血无法凝固、血流不止，造成肿胀、疼痛，虽然不致命，但是会导致组织坏死，甚至需要截肢。神经性毒液进入伤口虽然通常不痛不肿容易被忽略，但是会造成肌肉神经麻痹，甚至导致呼吸困难、心脏衰竭进而休克致死，有更高的致命概率。一般来说蝰蛇科的蛇类如响尾蛇多是出血性毒液，而眼镜蛇科的眼镜蛇多是神经性毒液，但有些毒蛇也会有两种毒液混合。

有毒动物档案

地纹芋螺

学名 *Conus geographus*

分类 软体动物 芋螺科

体形 5—15 厘米长

栖地 主要分布于印度洋至西太平洋海域

 毒性强度 ▮▮▮▮▮▮▮▮▮▮ 极强

生命威胁 极高，具有芋螺毒素，能在数小时内致死，至今已有 30 余人被毒死。

　　动物产生的毒液是怎么来的？以毒蛇为例，毒液平常储存在头部后方的毒腺中，需要时便会通过体内管道，将毒素传送到上颌空心的牙齿中，蛇的毒牙就能注射毒液。

　　以往大家都认为毒蛇的毒液是由蛇的唾液转化而来的，但其实蛇毒的来源非常广泛，有些毒蛇确实是以特化的唾腺来产生强烈的毒素，不过蛇毒也可以来自大脑、眼睛、肺、心、肝、肌肉、卵巢或睾丸等不同组织，经由基因突变的过程将体内的蛋白质加工成不同种类的毒素。这也是为什么毒蛇的毒液能对付多种不同的动物。长时间演化呈现的结果，就是制造出

趋同演化

　　趋同演化是指在血缘关系相距很远的物种间，因为受到相近的环境天择压力而产生极为相似的特征，如鸟类与蝙蝠的翅膀。多种不同动物都会产生毒液，就是一种趋同演化的结果。

一系列作用广泛的毒素，可以制伏多种不同动物。

这种演化结果不只是表现在毒蛇上，海洋中的芋螺也是以极强的毒性出名。它们的齿舌上有连往神经毒素的毒腺，可以迅速伸出将猎物麻痹或是直接取命来捕食鱼类。芋螺的毒液非常致命，人类被芋螺蜇中往往会迅速毒发死亡。研究发现每只芋螺的毒液里面含有 100—200 种毒素，而且每种芋螺使用的毒液都不一样。因为面对不同种类的鱼，也需要有相应的毒素，只要里面有一种毒素有效果就有用。因此，芋螺的基因会一直保留这些多种多样的毒素，以面对多变的环境。

回到毒蛇的毒液来源，从毒蛇毒液的基因分析来看，所有的毒蛇最初都来源于一个共同的祖先。蛇演化成细长条形状、行动迅速灵敏的动物。然而，蛇其实是既弱小又脆弱的存在，皮肤又薄又脆弱难以保护自己，骨骼易断易碎，嘴巴也很小。基本上除了巨大的蟒蛇或森蚺可以靠庞大体形与强健肌肉，较小的蛇类没有什么防御的手段。要能够在环境中生存下去，还必须能有效地捕获猎物，就必须要演化出新的生存武器。于是毒液出现了，有剧毒造成的威胁，就能帮

刺细胞图解

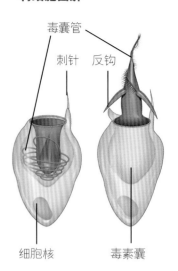

毒囊管
刺针　反钩
细胞核
毒素囊

膜攻击复合体（MAC）

膜攻击复合体（MAC），是一种通常生成于致病细菌表面的结构。该复合体是免疫系统的效应之一，可以在目标细胞的细胞膜上形成能破坏细胞膜的孔洞，使细胞外液涌入，如果生成足够多的孔洞的话，目标细胞就难以再存活，从而使目标细胞裂解死亡。人体补体系统的部分途径可以产生这种复合体。

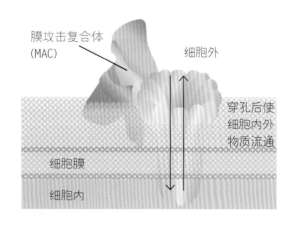

膜攻击复合体（MAC）
细胞外
穿孔后使细胞内外物质流通
细胞膜
细胞内

体形巨大的蟒蛇及蚺蛇都不会分泌毒液，因为它们拥有强健的肌肉可以将猎物缠绕勒毙，不再需要毒液来捕捉猎物。

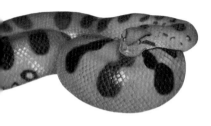

助蛇在食物链中提升至更上一层，占有一席之地。

我们可以看到除了毒蛇以外，世界上还有许多种动物都能产生毒液，这是一种趋同演化的结果。为何不同物种都知道可以利用毒液作为一种生存武器呢？要探究每个物种产生毒液的根本来源，可以从最古老的刺胞动物门生物说起。整个刺胞动物门包含水母、海葵、珊瑚，几乎全部都会分泌毒液。

刺胞动物名称的由来，是因为它们身上都具有刺细胞这样的构造，刺细胞是一种特化的细胞，刺细胞内含有刺丝囊，刺丝囊一端有突起的刺针。当刺针受刺激时，会激起刺丝囊内的刺针射出，在高压力下可刺入其他动物的表皮组织中，并将囊内的毒液注入动物体内，使其麻痹，甚至死亡。

刺胞动物内的这种毒素被统称为穿孔素，有学者研究发现这种毒素的功能与人类免疫系统中的膜攻击复合体（MAC）非常相似，其中来自于珊瑚的穿孔素甚至与人类的MAC同源。也就是说在人类和珊瑚久远的共同祖先存在时，这种毒素同时也是免疫系统的成分雏形就已经存在，它经过数亿年仍然传承下来。同样从其他动物的毒素来看，这种结构的相似性在演化中一直保存下来，各种动物的毒液可说大都是来自同样的祖先，只是在长时间演化后，有些动物的毒液消失了。

毒液的消失

现今不是所有的蛇类都拥有剧毒，而且大部分蛇类是无毒的。事实上，毒液科学家在研究有毒的蛇类、蜥蜴以及其他相近的无毒种类时，发现无毒蛇类也会制造少量的毒液蛋白，它们体内依然具有分泌毒液的基因。

而且无毒蛇类的牙齿也被发现和能分泌毒液的毒蛇一样，是中空构造，这表示过去它们曾经也有毒液，但是消失后只留下痕迹。不过在进化的过程中，没有什么会真正消失不见。

这改变了人们以往对有毒爬行动物的看法，在蛇和蜥蜴隶属的有鳞目当中，所有会分泌毒液的物种，以及不会制造毒液的近亲都源自于同一个会制造毒液的祖先。这棵进化树上含有能分泌毒液的有鳞目分支，被称为"有毒类"。

有毒类祖先身上可能有类似毒素的蛋白质，可能是用来防御入侵的细菌或微生物。随着时间的流逝，这些毒素慢慢发生改变，产生全新的功能，就是帮助捕食。有毒类动物后来演变得五花八门，部分物种改变掠食方式，维持毒性的压力也就减弱了，有许多物种已经不再制造毒液。例如能以卷缠方式捕捉到足够猎物的巨蟒，便不再需要生产毒液了。最后，就会演变出一些能分泌剧毒的类群散布在许多低毒性或无毒的类群之间。

蛇类之中的海蛇都具有极强的毒性，但它们的性情十分温驯，即使被抓住摆弄也不会生气，也从不会主动咬人。

子弹蚁

子弹蚁拥有令人感到剧痛的毒液，被咬一口就像被子弹打到一样，因此有子弹蚁的称呼。

现在来看，许多能分泌毒液的动物的演化分支之中，物种通常十分丰富。例如以蜜蜂、黄蜂、蚂蚁等为主的膜翅目昆虫是物种数量最多的目之一，鱼类中石头鱼、狮子鱼等所属的鲉（yóu）形目也是鱼类中物种较多样化的一个目，蛇类与蜥蜴所属的有鳞目物种数接近 9000 种，远超过其他类别的爬行动物。因为毒液确实在早期给予动物更高的生存能力，只有对抗各种捕食者来保护自己，后代子孙才有办法存活并变化多样。但是当之后的环境发生变化，生存压力改变，对某些有毒物种来说，毒液不再是必要生存条件，它们在演化过程中逐渐丧失制造毒液的能力，但是仍然活得跟其他有毒的亲戚一样好甚至更好。因此，现在我们所看到的毒蛇与无毒蛇能够同时存在在这个世界上。

致命的代价

如此好用的毒液可以更容易地捕食猎物，最后却还是有许多物种的毒液消失了。事实上，毒液虽然有用，但是所需代价非常昂贵。动物要制造并维持这些

有毒动物档案

毒鲉

学名 ● *Synanceia horrida*

分类 ● 鲉形目 毒鲉科

体形 ● 体长可达 60 厘米

栖地 ● 分布于印度洋及西太平洋海域

毒性强度
极强，是世界上毒性最强的鱼类。

能分泌的神经毒素是鱼类中最强的，足以令人致命。

毒液需要耗费许多好不容易才得到的能量，而这些能量本来可以用在其他更重要的地方，例如生长或繁衍后代。从捕捉活动性强的猎物改为活动性弱的，那毒液就没那么好用，成为不必要的浪费了。这种情况也确实曾经发生过：某一类龟头海蛇属的物种，其摄食行为改成吃鱼卵后，就失去了制造剧毒的能力。

　　毒液蛋白质的合成需要大量的能量，这对动物来说是巨大的代价。实验显示，在响尾蛇释放毒液之后，为了补充毒液，蛇身体的新陈代谢活动量会在三天中提高 11%，这表明体力消耗与毒液生产之间是有联系的。另一项研究发现南棘蛇在制造毒液的头三天中，基础代谢率提高了 21%，也就是在释放出毒液后，会有 1/10—1/5 的能量用于制造毒液。对蛇来说，制造毒液的成本相当于持续的剧烈运动。对其他动物来说，成本甚至更高，蝎子在补充毒液的 8 天中，基础代谢率甚至提高了 20%—40%，所以制造毒液是非常消耗能量的。

　　也因为制造毒液的成本很高，所以这些动物只在必要的情况下才会使用毒液，而且会斟酌使用量，使毒液效用优化，没必要时则不使用毒液。蝎子在捕食猎物时会看对方的体形来决定是否使用毒刺，较小的猎物只需要用前面两只巨大的螯状附肢来攻击制伏，蝎子捕食使用毒刺的比例其实不到 1/3。蛇类似乎也会根据猎物的大小而选择不同的毒液注入量，而且在自己感觉受到威胁而吓阻或咬人时，有二到五成不会使用毒液，因为蛇的目的不是要把人当猎物，能吓阻敌人就不需要用毒，以免浪费毒液。

蝎子捕食猎物通常会使用两只巨大的螯状附肢来攻击并制伏，若非不得已，较少直接使用尾部的毒液。

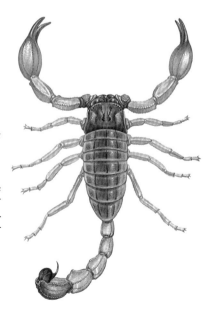

致命危机四伏

环境对有毒动物的影响

稀奇古怪的"鸟事"发生

有毒动物的种类范围非常广泛，从最简单的刺胞动物到复杂的脊椎动物。这么多不同类别的动物似乎都存在有毒的种类，有毒的昆虫、鱼类、两栖类、爬行类，甚至连哺乳动物都有，但是怎么都没看到有毒的鸟类呢？虽然传说以前存在过一种有毒的鸩鸟，但是现在已经看不到了，以前的人们也没有留下标本、证据或有力的科学研究记载，因此到头来也只是另一个民间传说罢了。

为什么没有看到有毒的鸟类？也许有什么原因在演化中产生了影响，也有可能只是没有发生这种突变。答案也有可能更单纯，只是还没有人发现，但现在已经找到了类似的。

1989 年，美国加州科学馆馆长唐巴克在巴布亚新几内亚研究天堂鸟，他与同伴一起架网抓鸟，不过除了天堂鸟也常常会抓到其他鸟类。他把身披黑色和显眼橘色羽毛的鸟抓出来，不小心被抓破了皮肤，他想要吸吮伤口，没想到麻痹、灼热的感觉却从他口中蔓延开来。这才发现原来他

鸩鸟

传说中将鸩鸟的羽毛浸泡在酒里，就可以制作成鸩酒，人喝下去就会毒发身亡。古人认为它多食毒蛇，这些蛇毒随着汗水渗透到羽毛中，因此才认为鸩鸟的羽毛含有剧毒。

有毒动物档案

黑头林鵙鹟（jú wēng）

学名●*Pitohui dichrous*

分类●鸟类 林鵙鹟属

体形●体长约 30 厘米

栖地●新几内亚岛

⚠ 毒性强度 ▭▭▭▭▭▭▭ 强

☠ 生命威胁 有多种和箭毒蛙一样的毒素，把皮肤和羽毛中提取的毒素注入老鼠体内，15—20 分钟老鼠抽搐后死去。

们找到了少数具有毒性的鸟类：黑头林鵙鹟。而且这种鸟类会散发臭味，味道很难闻，唐巴克拔了一根羽毛尝了一下，味道相当令人不悦。

其实在更早以前，19 世纪中期，科学界就知道有黑头林鵙鹟这种鸟类的存在，世界各地的博物馆也有许多标本，但以前可没有人提过这种鸟类的羽毛有毒。唐巴克将这个新发现告知研究新几内亚鸟类的权威毕勒，听到这个特别的发现，他们便回头研究调查这种毒鸟。

黑头林鵙鹟是新几内亚的一种具备神经毒素的鸟类，唐巴克的研究发现新几内亚共有五种毒鸟：黑头林鵙鹟、锈色林鵙鹟、黑林鵙鹟、杂色林鵙鹟和蓝顶鹛鸫（méi dōng）。它们都有同样的毒素，也都常常发出强烈而刺激的气味。事实上，当地人对黑头林鵙鹟相当熟悉，而且在当地很常见到，他们叫它 wobob，意思是"苦皮肤会让嘴巴皱起的鸟"。过去也有学者曾叙述黑头林鵙鹟不可口的味道。除了 wobob 外，当地人还知道另外一种味道不好的鸟，

有毒动物档案

金黄箭毒蛙

学名●*Phyllobates terribilis*

分类●两栖类 箭毒蛙科

体形●非常细小，长1—6厘米

栖地●南美洲哥伦比亚热带雨林区

！毒性强度

极强，是世界上最毒的蛙类。

生态威胁

极高，直接触摸野生金黄箭毒蛙极易导致死亡。

来自新几内亚的高地的蓝顶鹛鸫，当地人叫它slek-yakt，意思是"苦鸟"。

这种林鹛鸫属的鸟类皮肤和羽毛能分泌神经毒素。研究者把从黑头林鹛鸫的羽毛中提取出的毒素注入实验老鼠体内，不久后它们就抽搐然后死了，以此证实确实有毒。这种毒素为什么会出现？从演化上来看也许是一种化学防护，为了赶走身上的虱子或体表寄生虫，后来又发展成能吓阻更大的捕食者。唐巴克做了简单的实验，发现蛇类对这种毒素会有强烈的反应，感觉难受不舒服，并且会避开这些毒素。

比较令人惊奇的是，唐巴克与其他学者萃取林鹛鸫皮肤和羽毛上的神经毒素，研究并分离出这种生物碱，才发现原来是一种箭毒蛙毒素，而且与南美哥伦比亚金黄箭毒蛙身上的毒素一模一样。这种金黄箭毒蛙的毒素相当致命，会扰乱神经信号的传递，若一不小心碰触到可能会使中毒者的肌肉不自主地收缩、无法呼吸，最后窒息而死。

林鹛鸫与箭毒蛙两个种类的栖地距离相当遥远，

横跨整个太平洋，而且亲缘上两者也不太有关联，身上居然会演化出同样的箭毒蛙毒素。

其实两物种间没什么关联，但是因为有同样的产毒机制，而出现相同或类似的毒素。事实上，箭毒蛙自身并不产毒，它身上的箭毒蛙毒素是从食物中获取的。箭毒蛙的食物是当地的耀夜萤科甲虫，这种甲虫身上也有箭毒蛙毒素，科学家推测箭毒蛙吃了这些甲虫后，将这些甲虫身上的毒素保留在体内，使自己身上有剧毒，以此来保护自己。林鵙鹟也同样会食用这些耀夜萤科甲虫，并且会将它们的毒素保存下来分泌到羽毛和皮肤上，还会散发出难闻的气味。

好用的毒借来用一下

前面曾经提过动物如果要生产毒液，往往需要付出高昂的代价，消耗大量的能量产毒而不是用于其他生理机能上。因此随着演化，有些物种选择让毒液消失，成为无毒的物种。

但毒液有好用之处却也是不争的事实，毒液是一种在征服猎物的同时也使自己免于风险的工具。致命的毒液能够帮助抓捕猎物，而且，它也是一种有效的防御策略，身体上保留的毒液能吓阻那些想要吃掉自己的天敌。于是，有些动物虽然自己不产生毒液，却能善加利用周遭环境的资源，偷取猎物身上的毒素纳为己用。哪只猎物身上的毒液看起来很有用，就借用一下。

比如前面提到的黑头林鵙鹟与箭毒蛙都是如此。它们的毒素来源不是自己身上的毒腺体，而是借由捕食当地的甲虫来获得食物身上的毒素，最后保存在身体内转化成自己体内的毒素。

餐桌上的毒鸟

以前的欧洲曾经发生过食用鹌鹑中毒的事件，造成横纹肌溶解症，人们称为鹌鹑中毒症。原因似乎是因为欧洲的野鹌鹑会食用有毒植物累积毒素在体内，使鹌鹑肉累积产生剧毒。不过现在的养殖鹌鹑食用的饲料没有毒性，所以现在餐桌上的鹌鹑肉可以安心食用。

　　既然这些动物的毒液是从别的动物身上取得，而不是自己产生的，那么这些动物身上的毒自然会随着环境的变化而改变。比方说改变饮食的习惯或是生活在另一个不同的环境，当自己的生活环境不再能取得这些含有毒素的食物，就没有产生毒素的来源，动物也就失去了毒性。如果把箭毒蛙改成人工养殖的方式，喂食容易取得的饲料，如面包虫，这样驯养的箭毒蛙就不会有毒性，变成没有毒的箭毒蛙了。

　　除了箭毒蛙以外，前面提到的毒鸟林鵙鹟属也是如此。少数有毒液的哺乳动物如懒猴，毒素似乎也是通过食用有毒的节肢动物如蜈蚣、蝎子等来获得。因此只有野生的懒猴才可以分泌一般水平的毒液，而在人工设置的保护区内养殖的懒猴，因为获得的食物一般不含毒素，所以不能获取毒素和合成毒液。

　　另外，有些动物身上的毒液虽然看起来是自己体内产生的，不过事实上是由体内的共生细菌产生的细

河豚
*****

　　河豚毒素是一种剧毒，毒性大约为氰化物的 1200 倍。一只河豚体内含的毒素，估计足以杀死 30 个成年人。不过少数鱼类对河豚毒免疫如虎鲨、狗母等，因而成为河豚的天敌。

菌毒素。例如河豚体内的河豚毒素，事实上它是由河豚体内一种共生的细菌所产生的，而河豚在摄食的过程中会获得产生毒液所需的细菌。此外，虽然毒液名为河豚毒素，但其实并非只出现于河豚体内，近年有研究发现蓝环章鱼体内也会产生这种毒素，是由它们体内唾液腺中类似的细菌产生。河豚毒素也存在于各种不同动物中，像是芋螺、海星、箭虫、纽虫、盖刺鱼以及某些种类的蝾螈，体内的毒液都含有河豚毒素，也都和河豚一样体内有亲缘相近的细菌共生，由细菌产生这种致命毒素，再由这些动物累积起来使用。

过猛的毒液

虽然生产毒液需要耗费相当大量的能量，然而，许多动物的毒牙仍然保留着这种代价高昂的毒液，而且毒性似乎比它们实际需要的更加强烈。许多有毒动物的毒液毒性极为猛烈，只需极少的剂量就能致死，有些动物的毒液甚至只需一点点的量就足够杀死数十人。例如芋螺的一滴毒液就能杀死 20 个人，内陆太攀

有毒动物档案

以色列金蝎

学名 • *Leiurus quinquestriatus*

分类 • 节肢动物 蝎目

体形 • 身长平均约 6 厘米

栖地 • 分布于北非和中东的沙漠地区

！毒性强度 极强，所有蝎子毒液中被公认为最强。

生命威胁 高，毒液可能致死，LD50（半数致死剂量）为 0.25 毫克/千克。

僧帽水母

又被称为葡萄牙战舰，虽然看起来像水母，但其实是由4种水螅体组成。顶端充满氮气的浮囊体可让僧帽水母浮在水面上，底下的触须极长，最长可达22米。触须上的细胞充满毒素，能让小鱼立即瘫痪，对人类也会产生剧痛并留下红色鞭痕，过2至3天才能复原。

蛇咬一口释放的毒液甚至能杀死25万只实验老鼠。所以有毒动物的演化出现了两个极端：许多有毒动物的毒液非常致命，其他则退化到几乎没有毒性。

毒液消失的理由前面已经提过，但为什么有些动物的毒液会演化成这么致命呢？毕竟平常这些动物一次也只会捕猎一只动物，一滴毒液就能杀死数十个人感觉实在是没有必要。

有毒动物会演化成能分泌这种过度强烈的毒液，也许是为了补偿其他方面的缺陷。比如在所有蝎子中，毒性最强的蝎子不是那些体形巨大的帝王蝎，而是那些体形很小的以色列金蝎，它们毒液的毒性被公认为所有剧毒蝎中最强最猛的，具有非常强烈的神经毒性，因此它们甚至还被称为以色列杀人蝎，被列为高度危险的蝎子。由于以色列金蝎体形小，与大型蝎子不同，没办法用蛮力制伏猎物，因此它会使用毒性猛烈的毒液让敌人迅速中毒倒下，不给猎物反抗或逃跑的机会。

有毒动物档案

科莫多巨蜥

学名●*Varanus komodoensis*

分类●爬虫类 巨蜥科

体形●最长3.1米

栖地●印度尼西亚科莫多岛与邻近四座岛屿

! 毒性强度
弱，不直接致命，但会让血液无法凝固，血流不止。

☠ 生命威胁
极高，猎物会迅速失血过多休克死亡，锐利牙齿与利爪也能放倒猎物，也有人类被巨蜥攻击而死。

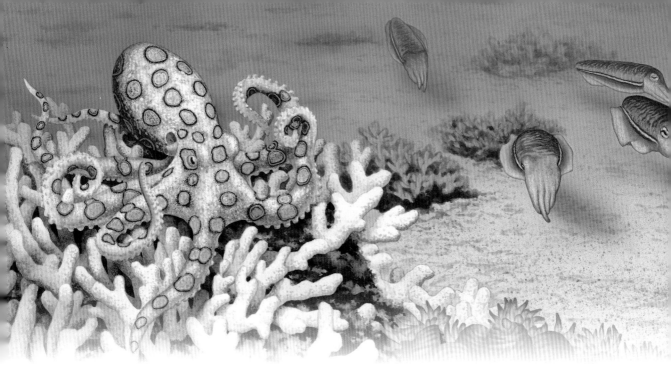

蓝环章鱼虽然在章鱼中体形是最小的，却是世界上拥有最强毒液的动物之一，小小一口剧毒就能让人死亡。

　　水母也是另一个例子，它们非常脆弱，任何鱼类碰撞一下就可能让它们从内部断成两截。因此，它们触手上的刺细胞长满毒刺，只需要轻轻碰一下就能射出毒刺注入毒液。为了让猎物迅速失去反抗能力，并阻止它们逃走或挣扎，毒液必须迅速且致命，而且必须要绝对有效。如果捕食者自己体形小、体力弱，或者行动迟缓，毒液就是至关重要的存在。基于这些情况，也就不难理解为什么会出现如此致命毒性的毒液了。

　　环境也是会影响动物毒液毒性强弱的一个重要原因，所处的环境不同就会产生不同强度的毒液。例如栖息在澳大利亚干旱荒漠中心地带的内陆太攀蛇，在那里，能否给出准确且致命的一击是非常重要的。因为在沙漠里找寻食物不容易，每一次的狩猎都要把握住，所以太攀蛇绝不允许任何一只猎物逃走，于是便使用让猎物绝对动不了的猛毒来制伏猎物。

　　也有些动物的毒液是依自己的狩猎方式不同而有所变化。居住在印度尼西亚科莫多岛等四个岛屿上的

科莫多巨蜥是世界上最大的蜥蜴，也是世界上最大的有毒动物。科莫多巨蜥会分泌一种类似蛇毒的毒液，但它们使用的毒液并不是让猎物被咬一口就直接毙命，而是让猎物慢慢被折磨至死。科莫多巨蜥会慢慢靠近猎物然后突袭，咬过猎物以后，就会故意把猎物放走。因为科莫多巨蜥的毒液会让猎物的血液无法凝固，让血管扩张，猎物会迅速失血过多，进而导致肌肉麻痹、丧失意识或是休克。科莫多巨蜥就会沿着猎物留下的血液跟踪它们，让猎物慢慢失血死亡或失去行动能力，如此就能毫不费力地饱餐一顿。此外，研究发现就算科莫多巨蜥的毒液和利牙无法一击杀死猎物，它们的唾液里也有数百种细菌，即使猎物能够暂时逃脱，最后也会因为伤口细菌感染引发败血症等并发症而死。

剧毒的大陆

你也许曾经听说过这样的传闻，世界上最毒的 10 种动物，其中的前 3 名——箱形水母、内陆太攀蛇、蓝环章鱼都来自澳大利亚地区及附近海域，而且这 10 大剧毒动物中，澳大利亚地区就占了其中 7 名！澳大利亚地区的有毒动物种类不但多样而且多数都有剧毒，而且通常是只要被咬一口或被蜇一下就会致死的程度。是什么原因让澳大利亚地区有这么多剧毒生物呢？

如果你从世界范围来看有毒动物的分布的话，你会发现这些动物的分布极度不平均。而且这些有毒动物似乎特别集中在某些特定的区域，例如澳大利亚地区。

由美国害虫管理委员会发布的"生物危害数据库"显示，在全球范围内记录下的 500 多种有毒物种中，墨西哥有 80 种，巴西有 79 种，澳大利亚有 66 种，而哥伦比亚、印度尼西亚、印度和越南都有50多种。从中我们可以发现，有毒动物种类最多的地方大多在炎热的荒漠地区，如澳大利亚、墨西哥，或是在热带雨林地区，如巴西、印度尼西亚、印度及越南。而我们知道且耳熟能详的那些毒蛇、毒蝎，在我们的印象里也通常不是在雨林区就是在沙漠地带，而毒性通常都很猛烈。

就观察结果，我们可以发现有毒动物多存在于气候炎热的地区，像是沙漠或热带雨林的种类是最多的，而越往北或越往南靠向两极地区，有毒动物种类就越少。看来有毒动物喜欢温度较高的地方，这点不难理解，因为温度也在有毒动物的进化过程中扮演重要的角色。为了使毒性有效，毒液必须要很快发挥作用。当温度越高，毒液的化学反应速度也会跟着提高，毒液的效果越好；温度越低，毒液的效果就会越差，使用无法发挥作用的毒液，还不如干脆直接用强壮的肌肉或利爪尖牙将猎物弄死更容易。此外，产生毒液本

有毒动物档案

内陆太攀蛇

学名 ● *Oxyuranus microlepidotus*

分类 ● 爬虫类 太攀蛇属

体形 ● 体长平均 1.8—2 米，最长纪录达 2.5 米

栖地 ● 澳大利亚中东部半干旱地区

 毒性强度

极强，世界上毒性最强的陆栖毒蛇。

极高，一口毒液能杀死 100 个成年人，也能杀死 25 万只老鼠，如果不进行紧急治疗处理，被咬伤的人有可能会在 30—45 分钟内死亡。

有毒动物档案

希拉毒蜥

学名 *Heloderma suspectum*

分类 爬虫类 毒蜥属

体形 30—56 厘米

栖地 美国西南部至墨西哥西北部

! 毒性强度 　　　　　　　　　　　　　　　强

需要咬住持续注入毒液，但注毒量少、速度慢，通常不会对人造成致命危险。

身是一件非常耗能的事情，在寒冷地区的动物还需要储存很多能量维持身体活动与保暖，储存没用的毒液根本是浪费。因此寒冷地区的有毒动物比较少，冰天雪地的两极地区更是没有。

沙漠地区地域辽阔、物种稀少，要在这里寻找猎物并不容易，一旦发现猎物就必须好好把握且不能失手。因此沙漠中的有毒动物往往都有致命的毒液，如澳大利亚地区的内陆太攀蛇是世界上毒性最强的蛇类。此外，世界上仅有的三种有毒蜥蜴，除了科莫多巨蜥，另外两种有毒蜥蜴——希拉毒蜥与墨西哥毒蜥则是存在于美国及墨西哥西部的沙漠地区，它们都拥有可怕的毒液。

雨林地区则是除了各种毒蛇外，还有许多能保护自己的有毒动物，因为雨林物种丰富，数量又多，比较容易碰到捕食者，因此自己身上保留着毒液用来逼退捕食者会比较安全。箭毒蛙与其他两栖类或是绒蛾的幼虫等各种昆虫，都拥有保护自己的毒液。另外，海洋中温暖的珊瑚礁区域也是许多有毒海洋生物的孕育地，毕竟珊瑚礁海域的物种数量更多，拥有保护自己的毒液也是多一份安全保障。

不过，澳大利亚地区除了上述气候环境因素以外，还有另一个特别的原因。澳大利亚地区是一个相当古老且封闭的大陆，早在一亿五千万年前就从古老的南方大陆上分裂开来，成为一个孤立的封闭古大陆，较少有其他外力干扰。其他大陆因为物种的互相交流、迁移、竞争而造成快速演化，有些物种已经演化出毒液后又使毒液消失。澳大利亚大陆则因为不与其他大陆交流而演化速度较慢，大陆上还有许多较原始古老的早期物种，例如鸭嘴兽、针鼹等原始的哺乳动物，其中，鸭嘴兽在演化的路程上毒液还没有消失。

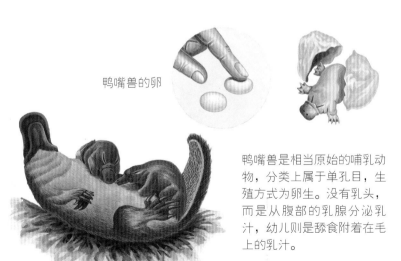

鸭嘴兽的卵

鸭嘴兽是相当原始的哺乳动物，分类上属于单孔目，生殖方式为卵生。没有乳头，而是从腹部的乳腺分泌乳汁，幼儿则是舔食附着在毛上的乳汁。

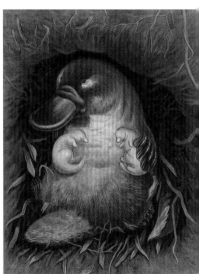

大自然中的美艳陷阱
动物的警戒色与拟态

美丽的死亡天使

你可能在海面上看见过这样奇妙的生物：色彩鲜艳又华丽，身上有美丽的海蓝色条纹，在水面上展翅就像在空中翱翔一般，宛如海中的天使，就好像不属于这个世界的奇幻生物一样，吸引着大家的注意，生怕有人没注意到它的美丽。

这就是大西洋海神海蛞蝓，因其华丽而优美的外表，也有人称它为"蓝天使""蓝龙""蓝海燕""蓝海蛞蝓"等，都是相当优美的外号。如果你因此深深

有毒动物档案

大西洋海神海蛞蝓 (kuò yú)

学名 *Glaucus atlanticus*

分类 软体动物 裸鳃类

体形 大小可达 3 厘米

栖地 多出现在热带与亚热带海域，如墨西哥湾及澳大利亚沿岸海域。

毒性强度 强，直接利用食用的水母上的刺细胞毒刺。

生命威胁 如同被水母蜇伤一样，若不小心被刺到会带来相当大的痛苦。

着迷那还不要紧，但可千万别忍不住去碰触它，它的身上可是有如水母一样能蜇人的剧毒刺，或者说它就是拿水母的毒刺来让你中毒。

海蛞蝓其实就是海洋中那些壳已经消失或退化的腹足类动物，其中也包含各种裸鳃类和海兔。海蛞蝓是海洋中颜色绚丽的动物，有着五彩斑斓的艳丽形态，令人叹为观止。然而，这种华丽、明亮又多彩的颜色却是一种危险的信号，代表这只生物身上有剧毒，而颜色越美丽，毒性可能越强，让其他动物避而远之。如果动物搞不清楚状况而贸然攻击，毫无疑问将会后悔莫及。

这些海蛞蝓在演化过程中做出了折中的选择，放弃了需要耗费大量能量和资源的外壳，转而采用了更为方便的防御方式。它们会以水母等拥有剧毒的刺胞动物为食物，并且将水母触手上的刺细胞或毒素吸收到自己身上，作为防御捕食者的武器。也就是说，它们窃取了猎物身上已经演化得十分成熟的武器纳为己用。这种方法既能蜇刺捕食者，又使体表涂满毒素，相比长出外壳，这种技能节省了许多能量。

目前，科学家还没有完全搞清楚海蛞蝓吸收其他动物刺细胞和毒素的机制。它们有些会取食海绵、珊瑚或水母，然后将

海蛞蝓会以水母等刺胞动物为食物，它们不但不会被水母蜇伤，还会吸收水母中的刺细胞当作自己的防御武器，使自己变得有毒。多彩多姿的体表则是为了警告敌人自己身上有毒。

猎物用于防御的刺细胞或化学物质吸收到自己的消化系统，再输送到体表皮肤上的小囊中。不过，海蛞蝓在进行这种"窃毒"行为时，为什么能不被蜇刺或毒死呢？它们也许也会轻微受伤，但已经演化出应对的方法，比如用黏液来保护自己，抵御刺细胞和毒素的攻击。

除了吸收刺细胞和毒素之外，海蛞蝓有时还会对化学物质的分子结构进行细微地"修正"，从而产生全新的化合物。这些化合物中，许多还具有抗菌的效果。也许在未来，这些海蛞蝓中的某种化合物会具有医用价值，能为我们带来一些十分重要的医学进展。

保护自己的毒液

毒液并不只是拿来当作攻击猎物用的手段，也能拿来保护自己，确保自己不会成为天敌或捕食者的食物。毒蛇除了通过注入毒液来攻击猎物，有时也会以此来吓阻入侵者。人类如果不小心冒犯毒蛇，就会被攻击，这其实是毒蛇保护自己的手段。不过许多动物的毒液只存

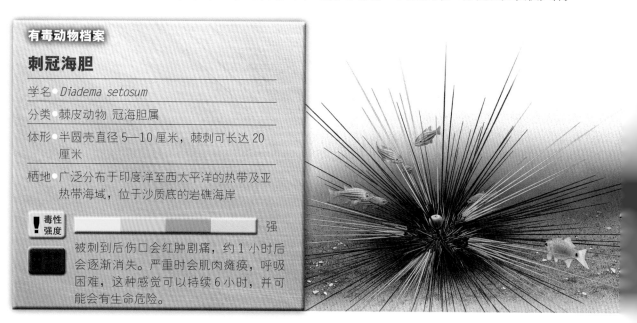

有毒动物档案

刺冠海胆

学名 · *Diadema setosum*

分类 · 棘皮动物 冠海胆属

体形 · 半圆壳直径 5—10 厘米，棘刺可长达 20 厘米

栖地 · 广泛分布于印度洋至西太平洋的热带及亚热带海域，位于沙质底的岩礁海岸

！毒性强度 强

被刺到后伤口会红肿剧痛，约 1 小时后会逐渐消失。严重时会肌肉瘫痪，呼吸困难，这种感觉可以持续 6 小时，并可能会有生命危险。

在于自己身上，不会随便拿来主动使用。

这些动物的毒液可能保留在体内、皮肤表面或是棘刺上，使靠近自己的敌人碰触到毒液或毒刺后感到痛苦，或是被吃掉以后让捕食者感到不舒服。捕食者就会吸取教训，知道下次不能再找有相同特征的动物当作食物。通过这样的方式，这些动物降低了被捕食的概率。这种被动地让敌人中毒并感到痛苦，而非主动注入毒液的动物，属于"有毒性的"（poisonous）动物。

全身上下长满尖刺的海胆有些也具有尖锐的毒刺，俗称"魔鬼海胆"的刺冠海胆就是其中一种。它们有上百根硬刺包围在身体的四周，有些毒刺可以长到20厘米长，就像海底的一只毒刺猬一般。魔鬼海胆通常会聚在一起生活，有时甚至会有数十只聚在海底的岩洞中或岩壁上。在海边游泳或潜水时，一定要特别注意别踩到或碰到这些"海底地雷"，要是不小心一屁股坐在它们身上，绝对会痛不欲生，终生难忘，一个月都只能趴着过日子。

鲜艳的警戒色

在野外你也许会看到那些色彩鲜艳又耀眼夺目的生物，任何人都一定会注意到它们的存在。不过，这在竞争激烈的演化过程中是相当奇怪的，毕竟在捕食者面前这么显眼，随时都有被捕食的风险。一般来说，生物应该要尽可能避免被天敌发现才对，比如让自己尽可能与大自然的环境景物融在一起，以单调的灰褐色或暗绿色来隐蔽自己，这样才不会被敌人发现。这些色彩鲜艳的家伙根

南美洲热带雨林有各种颜色鲜艳的箭毒蛙，这些鲜艳的外表就是利用警戒色吓阻捕食者。

本违反常理，这样怎么可能保护自己，让种族延续下去呢？

其实，在正常的演化过程中，有些生物的体表色彩鲜艳醒目确实是有可能的。一个原因是性选择，雄孔雀身上有着非常华丽又很长的尾上覆羽，这在生存上是相当不利的，不但容易被看见，而且也不利于飞行等其他行动，长长的羽毛还可能会被树枝卡住。但是孔雀在选配偶时，雌孔雀会倾向于选择开屏开得更大更华丽的雄孔雀，这个好处远大于孔雀鲜艳尾上覆羽可能带来的坏处，导致雄孔雀保留了鲜艳尾上覆羽的特征，而且这个特征会越来越明显，雄孔雀也因此反而开屏开得更大更耀眼。

另一个原因则是警戒色，警戒色是英国博物学家阿尔弗雷德·华莱士创造的术语，是 19 世纪中叶他在亚马逊盆地进行博物学调查时的一大发现。警戒色的目的是要大摇大摆地给捕食者发出警告，利用鲜明的颜色与强烈的对比，组合出醒目显眼的斑纹，再加上自己身上具有的防御措施来吓阻捕食者，提醒它们"我不好吃"，这种身上鲜艳的颜色就被称为"警戒色"。

阿尔弗雷德·罗素·华莱士

华莱士是英国的博物学家，同时也是探险家、地理学家和生物学家，是 19 世纪主要的演化思想家。他在亚马逊盆地与马来群岛进行多年的探险调查，不但发现了动物的警戒色作用，也为进化论的发展做出许多贡献，创造进化论中"天择"的构想，也是促使达尔文建构进化论的重要推手。

性选择

许多雄性鸟类如孔雀或雉鸡的外表色彩鲜艳，又有华丽而拖曳很长的尾上覆羽，容易被敌人发现，增加生存风险，但是只要能吸引雌鸟并繁衍后代，鲜艳体表的特征便会在族群中保留下去。

当捕食者看到猎物，第一眼接触到的就是猎物身上的警戒色。自然界中的警戒色通常是由红色、黄色和黑色所搭配构成，这三种颜色的组合在环境中相当明显。不过，警戒色并非一定由这三种颜色组合，也会有蓝色、橙色等，只要是与背景或环境相比十分显眼的个体颜色，都算是警戒色。如箭毒蛙就有相当多种类的警戒色，每种警戒色都不一样，而且都很华丽鲜艳。

警戒色之所以如此显眼就是要给捕食者加深颜色的印象，表示自己是"不能吃的"。当捕食者发现带有警戒色的猎物却还没有被吓退时，或许还是会尝试去攻击这些猎物。此时这些拥有警戒色的猎物就会利用身上可以保护自己的毒液或毒刺等防御机制来阻止捕食者，让捕食者攻击后感到瘙痒刺痛，吃足了苦头。捕食者经过这次捕食失败的教训以后，就会明白这种猎物是不好惹的，以后不要轻易去找它们麻烦，而猎物身上的警戒色就更能让捕食者加深印象，知道以后有这种警戒色的都不要吃。如此一来，这个物种便能降低被当作猎物捕食的风险，增加族群延续的机会。

这也是为什么我们可以看到许多有毒动物都是色彩鲜艳的，而且色彩鲜艳的小动物也往往有剧毒。例如前面提到的海蛞蝓、箭毒蛙、蓝环章鱼等。不过，警戒色能达到良好效果的前提是猎物身上还有另一种防御机制，诸如让捕食者痛苦的毒针、毒刺，或是让捕食者觉得难闻的气味，迫使捕食者放弃捕食，这样才能成功。当然也有些生物会尝试去钻这中间的漏洞。

火蝾螈

火蝾螈是欧洲最为著名的一种蝾螈。它们皮肤也会分泌毒液，体表呈现黑色，而且有鲜明的黄色斑点或斑纹，呈现出警戒色。

有毒动物档案

魔鬼蓑鲉（狮子鱼）

学名● *Pterois volitans*

分类● 鲉形目 蓑鲉属

体形● 体长可达 38 厘米

栖地● 分布于中西太平洋、印度洋浅海域的珊瑚礁区

毒性强度 ▮ 强

被刺伤会极端疼痛、红肿、发烧，需3—5天才能痊愈，严重时可能会致命。

模仿他人的拟态

回过头来说，排除性选择与警戒色，猎物要避免被捕食者发现，应当要低调行事，让体表在环境中看起来相当不显眼。有些动物会让自己尽可能与大自然的环境融在一起，如枯叶蝶及竹节虫会伪装成枯叶或树枝，以此躲避敌人。

不过也有些动物不是利用伪装成环境中的景物来骗过捕食者，而是利用伪装成其他动物，让身上出现类似的特征，以此混淆捕食者，使其难以辨认，达到瞒天过海的目的。动物这种模拟另一种生物或周围自然界的物体，借以保护自身免受侵害的现象叫作拟态。

拟态成其他动物会有什么好处？如果拟态者的拟态对象是前面提到的拥有警戒色的有毒动物，这样就可以让自己也降低被捕食的风险，也能跟着提高自己的生存机会了！

拟态的形式有很多种，不过与警戒色有关的拟态有这两种：贝氏拟态与米勒拟态。

贝氏拟态

贝氏拟态是最为常见，被研究得最为广泛的拟态方式。这种拟态是指一些无害的物种模仿另一种有毒物种的外表，显得自己也同样是有毒的，捕食者就会误认而不会去捕食，以此来躲避天敌。

贝氏拟态是由英国博物学者亨利·贝茨命名的。19世纪中叶，当贝茨前往南美洲的亚马逊热带雨林勘查时，发现有些蝴蝶种类不同，斑纹却十分相似。经过详细调查后，发现其中有些蝴蝶是有毒性的，有些蝴蝶则没有毒，因此他联想到是不是"这些体内没有毒性的种类，借由斑纹模仿有毒性的物种，迷惑天敌而得到保护"。这个理论就是贝氏拟态的起源。

贝氏拟态的演化假设相当有趣。首先，假设一个有毒物种使用某种警戒色斑纹，并且相当有效地阻止了捕食者；接着，另一个无毒物种借由控制斑纹的基因突变，偶然出现与有毒物种相似的斑纹并且获得保护。若这种斑纹传给子代且扩散到族群中，贝氏拟态的关系就建立了。但如果有太多物种加入这个拟态群体中，也许就会因为有太多"骗子"存在，导致这个群体中所有物种受到攻击，这种拟态就会失效。有毒物种随着演化会脱离这个拟态群体，转变为另一种斑纹，变成另一种警戒色，求得拟态群体的平衡。

贝氏拟态现象广泛存在于各种类群，尤其是昆虫。例如，食蚜蝇是贝氏拟态中无毒者模仿有毒者的成功案例，它会拟态成有毒的蜜蜂，外貌与蜜蜂非常相似，而且习性也跟蜜蜂一样爱吸花蜜，捕食者难以辨认就不会去攻击。广泛分布于东南亚的麝（shè）凤蝶，其幼虫大多取食马兜铃科植物，因此体内有毒性很强的化学物质。研究中发现同样广泛分布

亨利·贝茨

亨利·沃尔特·贝茨是英国的博物学家及探险家，也是第一个对动物拟态现象做出科学描述的人。曾经与阿尔弗雷德·华莱士一起到亚马逊热带雨林进行探险，并且在调查中发现蝴蝶的贝氏拟态，贝氏拟态便是由他命名的。

有些透翅蛾科的物种与蜜蜂的外表十分相似，这是一种贝氏拟态的例子。

于东南亚的大凤蝶，雄性是黑色的，而雌性则是麝凤蝶的拟态者。后来的研究还发现，大凤蝶在东南亚不同区域有不同形态，与各区域的麝凤蝶有各自的奇妙拟态。

米勒拟态

米勒拟态则是另外一种拟态方式，是指不同种的有毒动物为了警告捕食者远离它们，会倾向演化出相同或是类似的体色或警戒特征。一种有毒物种会拟态另外一种有毒物种，两种有毒物种的外表极为相似，如此一来，捕食者能够更快理解这种外表的动物都不能吃，远离所有带有类似体色斑纹的动物。两种动物都能降低被捕食的风险，提高生存机会。

在亨利·贝茨于亚马逊热带雨林探查后不久，德国生物学家米勒同样探访过亚马逊热带雨林并且观察到某些不同种类的有毒蝴蝶外表非常相似，会互相模仿外貌特征。米勒对这个现象提出解释，认为同样有毒性的物种间会互相拟态，而且其中一物种的拟态数量越多，另一物种就能获得越强的保护，使双方都能从中获益。

麝凤蝶与大凤蝶的贝氏拟态

有毒的麝凤蝶体内有化学物质，让捕食者不喜欢而不敢招惹，无毒的大凤蝶会拟态成有毒的麝凤蝶，使捕食者误认而不会去攻击它，自己活命的机会就会大幅上升。

米勒拟态的演化起源与贝氏拟态类似，不同的是两个物种都有毒性，而且两个物种都会受到保护。若有物种稍微脱离原本拟态族群的斑纹，有可能会被天敌认为是可以吃的猎物，增加被捕食的风险。因此米勒拟态的物种会越来越相似，经由自然选择淘汰掉脱离的个体，使拥有类似外表特征的族群被保留下来。

米勒拟态中最广为人知的生物类群就数釉蛱蝶亚科（或毒蝶亚科）的物种，其广泛分布于世界各地的热带地区，尤其是中南美洲，也是目前用来研究拟态相关理论最透彻的类群。釉蛱蝶有数十个种类，全部都与米勒拟态有所关联，拟态的对象多为自己或其他釉蛱蝶的成员。而且在不同的区域形成各自的拟态族群，且斑纹十分相似，因为若有些许不同，就很容易遭到天敌的攻击。它们会食用有毒植物西番莲科的叶子，并将有毒物质保存在体内直到成虫。除了毒蝶外，有些不同的昆虫类群也可能有潜在的米勒拟态，例如蜜蜂会模仿黄蜂，两者外表相似，而且都有螫（shì）毒针。

釉蛱蝶的米勒拟态

釉蛱蝶亚科包含许多不同种类的蝴蝶，它们外表都很类似而且都有毒性，也都具有非常相似的警戒色，可以让捕食者加深这种相似外表的蝴蝶都有毒不能吃的印象。也有实验发现如果其中一种不同体色斑纹的毒蝶在栖地活动，存活率会比相同体色的同类降低许多。

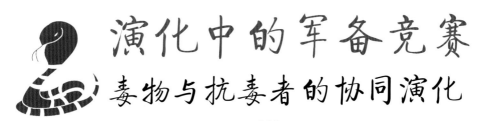

演化中的军备竞赛
毒物与抗毒者的协同演化

致命变治病

　　毒液在自然界中占了很大的优势，有些毒液可以让敌人麻痹、痛苦，让伤口血流不止，有些甚至还会侵蚀分解肌肉血管，使伤口呈现黑色坏疽的样子。毒液的破坏力惊人，有些甚至能致命，除了制造毒液时能量消耗大以外，好像没什么缺陷。但毒液可不是每一次都管用，也有碰壁的时候。

　　蝎子是众所周知拥有毒液的节肢动物，它有看起来就很危险的外观——两只巨大的螯，以及尾部尖锐

有毒动物档案

亚利桑那树皮蝎

学名 · *Centruroides sculpturatus*

分类 · 节肢动物 蝎目

体形 · 全长仅 7—8 厘米

栖地 · 美国西南部至墨西哥西北部

！毒性强度 强，为北美洲毒性最强的蝎子。

生命威胁 中，鲜少有成年人被蝎子毒刺蜇死，但会带来强烈的疼痛感。

的针刺，更危险的是，针刺中蕴藏着毒液，人一旦被蜇到就会中蝎毒。虽然蝎子有毒，不过大部分的蝎子注毒量都不算多，所以对人类而言不算致命，不过被蜇到还是会很痛。其中，常出没于美国西南部与墨西哥北部的亚利桑那树皮蝎拥有神经性毒液，毒液进入动物体内，会产生如灼烧或针刺般的剧痛，而且会持续数小时。毒液还会让周边组织产生痛觉过敏的现象，即使中毒者只是被轻微碰触，也会感觉非常刺痛，让人感到痛不欲生。这种细小的蝎子利用螯针注射毒液可以让猎物瘫痪，防止猎物挣扎过度扯断蝎子的附肢，也能吓退那些想攻击它的捕食者，让人望而却步，不敢惹它。

食蝗鼠

树皮蝎的毒液虽然致命，但是对于这种食蝗鼠没有作用，不仅不会致痛，反而产生止痛剂的效果。

但是即使有这么强的毒液，亚利桑那树皮蝎却仍然不是食蝗鼠这种啮齿类动物的对手。这些可爱的小老鼠正是这种蝎子的克星，不但不怕蝎子的攻击，还能轻松吃下蝎子饱餐一顿。科学家对于这种现象感到好奇，而在研究这种现象的原因后还有更惊人的发现。

原来树皮蝎的毒液之所以会对一般动物造成疼痛，是因为毒素通过神经细胞上的钠离子通道产生神经冲动，传往中枢神经而产生疼痛的感觉。但是食蝗鼠身上的钠离子通道却产生了变异，作用在食蝗鼠上的毒液会与钠离子通道结合，阻断钠离子流动，这样就没有神经信息传递到中枢神经。也就是致命的毒液对食蝗鼠而言，不但不会造成疼痛，反而成了止痛剂！

所以在食蝗鼠与树皮蝎的大战中，老鼠被蜇到不但不痛不痒，而且还挺舒适的呢。通过研究，科学家希望能从中了解痛觉产生的机制，并期望能找出更好的药物来治疗疼痛。

抵抗毒液攻击

　　世界上各个地方仍然不乏人类被有毒动物蜇咬的问题，科学家希望能了解其他动物对抗毒液的方式，借此来研发出更有效的治疗方法。

　　毒液变得如此致命，有些动物为了躲避这些可怕的有毒动物的攻击，经由长年的自然选择，最后也演化出了能够对抗毒液的方法，使得有些动物天生就具有对抗毒液的能力。如"世界上最无所畏惧的动物"蜜獾，它们胆大凶猛，面对毒蛇也能轻松解决并当成美味的一餐，这是因为它们能够抵抗蛇毒，即使被毒蛇咬到也不怕，顶多像吃下安眠药般稍微睡一下就又能起来活蹦乱跳，就像没事一样。还有前面描述的食蝗鼠，经由演化改变自己体内钠离子通道的结构，使得毒液发挥不了原本的效果，反而成为止痛剂。

　　天生能够抵抗毒液的动物，通常是那些经常以有毒动物为食的捕食者。而其中会吃毒蛇的动物还不是少数，像是蛇雕、狐獴、维吉尼亚负鼠、刺猬等，都经常以毒蛇为食物，而其中大部分都对所捕食猎物的

有毒动物档案

印度眼镜蛇

学名●*Naja naja*

分类●爬虫类 眼镜蛇属

体形●成体平均长度为 1—1.5 米，最长可达 2.2 米

栖地●主要分布于印度半岛上

！毒性强度

强，为强烈的神经毒素，会导致肌肉麻痹、呼吸衰竭、心跳停止。

高，印度四大毒蛇之一，因活动范围容易与人类接触而造成很多咬伤致死的案例。

獴类、蜜獾、负鼠与刺猬对蛇毒都具有免疫力，不受毒液影响，是蛇类的天敌，尤其獴类更是毒蛇的克星，有些种类还会以毒蛇为食。

毒液有很强的免疫力。例如维吉尼亚负鼠对毒蛇毒液能够忍受的剂量是人类的数十倍，刺猬也同样能够对抗一些毒蛇的毒液。獴科的动物更是毒蛇的克星，不仅对各种致命的蛇毒免疫，还经常以这些剧毒蛇类为猎物。印度眼镜蛇毒液有很强烈的神经毒素，对各种动物甚至人类有高致死率，但是遇上当地的灰獴却一点办法也没有。毒液起不了作用，眼镜蛇遇上灰獴也只有死路一条。

有些有毒动物的猎物最后也具有了抗毒能力，20世纪70年代在美国德州，科学家本来想要用林鼠来作为响尾蛇的食物，因为林鼠很容易取得，而且鼠类看起来也像是响尾蛇会吃的动物。于是这些林鼠被当成饲料，丢进饥肠辘辘的蛇群中。然而，后来发生了一件让所有人出乎意料的事，林鼠不但没有被吃掉，有些反而抓咬着响尾蛇，把响尾蛇咬死。科学家研究发现，林鼠有忍受响尾蛇毒液的能力。它们在演化过程中经过自然选择，留下了那些能够抵抗响尾蛇毒的个体。

那么这些有抗毒性的动物是怎么样对抗毒液的呢？负鼠对抗毒液的能力主要来自于血液中让毒素失

虽然毒蛇的毒液很强悍，但它仍然是许多猛禽眼中的食物，例如蛇鹰、猫头鹰都把蛇当作猎物。

去活性的氨基酸，科学家从中萃取出这种氨基酸，发现它能和毒液成分结合并阻止毒液发挥作用，成为毒素的中和因子，目前科学家希望能利用这种氨基酸作为新的抗蛇毒血清。刺猬的血液中也有能对抗蛇毒毒素的特殊成分，能完全抑制蝮蛇毒液造成的出血活性。这两种亲缘关系较远的动物体内的抗毒氨基酸有很多相似的地方，这也是趋同演化的结果。

抗毒能力最强的动物当数獴科的物种，它们能够有效地对付那些最剧烈的猛毒，即使被注入足以致命的高剂量蛇毒也同样能够免疫，难怪它们能轻易地捕食那些有致命剧毒的毒蛇。科学家研究埃及獴能够抗毒的原理，结果显示它们能够抗毒，但其血清无法让实验动物对蛇毒产生抗性。后来发现问题出在动物体内的乙酰胆碱受体上。乙酰胆碱受体在神经信息的传递中扮演了重要的角色，能够传递肌肉细胞收缩的信息。毒液会在这些受体上结合，使受体失去功能，阻断收缩信息的传递，中毒者就会无法控制肌肉的收缩产生麻痹，最后因无法呼吸或心脏衰竭导致死亡。但埃及獴的抗毒原理主要是因为体内的乙酰胆碱受体发生变化，使这些蛇类的毒液无法结合发挥作用，如此便能对抗那些蛇类的剧毒。最新的研究指出，各种獴类、蜜獾、刺猬和猪，其身上的乙酰胆碱受体也都发生了改变，因此能对抗蛇毒。

施毒者与抗毒者的"军备竞赛"

生物在演化的过程中会出现这种现象："适者生存，不适者被淘汰。"演化的过程中自然选择会让抵抗能力不够强的个体被淘汰，留下能够抗毒的个体。就如同细菌的群落中，大部分能被抗菌素破坏，无法抵抗抗菌素的个体会被消灭；留下的个体能抵抗抗菌素，也就是抗药性比较强，它们会继续复制繁衍后代，因此最后存活下来的细菌都具有抗药性，而成为不怕抗菌素的细菌。

动物在演化的过程中也是如此，只有能够成功存活下来的动物个体才能保留动物族群的性状。施加毒液的捕食者如果不能让毒液快速杀死或麻痹猎物，则猎物就会更容易逃脱，捕食者猎食的成功率就会降低，也会因为捉不到猎物而饿死，所以留下来的都是那些毒性更强，有办法抓到猎物的个体。猎物如果抗毒性不够强，就会更容易被捕捉吃掉，只有那些抗毒性较强而能成功从捕食者手中逃脱的个体才会被留下来，因此猎物的抗毒性就会越来越强。这样的演化结果在拥有防御性毒液的动物与它的捕食者身上也同样存在，如果捕食者不会被剧毒所影响，那么猎物就能够很轻易地被挑出来吃掉。拥有强大毒物、致命毒液的动物，面临的是捕食者施加的强大威胁，而捕食者自身也会针对猎物的毒性演化出抗性。

乙酰胆碱在神经上的作用

哺乳动物的神经系统会用乙酰胆碱作为神经传导物质传递神经信号，肌肉细胞上会有能与乙酰胆碱结合的受体，肌肉就能执行动作。如果毒液在这些受体上结合占据受体，乙酰胆碱便无法与受体结合传递神经信号，肌肉便无法控制，造成抽搐或麻痹。

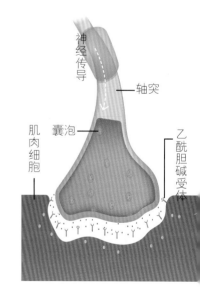

神经传导
轴突
肌肉细胞
囊泡
乙酰胆碱受体

如此一来，双方进行着协同演化，演化的过程让有毒液的动物毒性越来越强，而捕食者或猎物们的抗毒性也变得越来越强，又推动了毒液的演化。结果就是两边进行着一场永无止境的"军备竞赛"，捕食者或猎物们演化出了对毒液的抗性，但等待着它们的只有更加强悍的毒液，虽然两者快速演化并不停地在改变，但两者的生存适应还是停留在原点。这样的结果就如同"红皇后假说"：使劲地往前跑不是为了取得领先，而是为了想尽办法留在原地。物种必须不断演化，才能在竞争中保持现有地位，不至于被淘汰。

在美国西海岸的湿地及森林中，生活着一种有剧毒的蝾螈，叫作粗皮渍螈。粗皮渍螈的皮肤表面相当粗糙，腹部则是呈现鲜艳的橘色作为警戒色。它的皮肤上会分泌一种高效的神经毒素，也就是致命的河豚毒素。

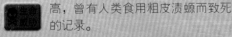

有毒动物档案

粗皮渍螈

学名●*Taricha granulosa*

分类●两栖类 蝾螈科

体形●体长 11—18 厘米

栖地●分布于北美洲西部

毒性强度　强，可通过皮肤分泌河豚毒素。

高，曾有人类食用粗皮渍螈而致死的记录。

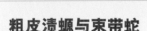

粗皮渍螈与束带蛇

束带蛇本身是无毒蛇，但是对粗皮渍螈身上的剧毒有抵抗性，因此能够以这种毒蝾螈为食，是粗皮渍螈的天敌。为了对付天敌，粗皮渍螈演化出更强烈的毒性，而束带蛇则为了对付更强的毒性演化出更强的抗毒性。两者因彼此的关联而进行协同演化，形成愈演愈烈的"军备竞赛"。

大部分的动物如果吃了它就会毒发身亡，因此捕食者通常会放弃捕食。

然而，有一种蛇类叫作束带蛇，它们能以粗皮渍螈为食而不受到任何伤害。原因是它们的基因突变使它们能抵抗这种毒性，成为粗皮渍螈的天敌。粗皮渍螈也会因此强化它们的毒性去应对，而束带蛇则会演化出更强的抗毒能力。猎物与捕食者间不断精进毒素与抗毒能力的协同演化现象被视为"军备竞赛"，两者互相施加演化压力而改变彼此演化方向的现象成为协同演化的典型范例。

毒液会毒死自己吗？

许多人可能会有这样的疑问：有毒动物身上的毒液这么毒，为什么不会先毒死自己？如果毒蛇不小心咬到自己，会不会中毒身亡？

所有的有毒动物都一样，在演化的过程中，这些动物早已经发展出一套能防止自己中毒的方法，否则也没办法存活到现在。通常有毒液的动物会把毒液隔离在一个特定的空间，使自己不会接触毒液。例如毒

红皇后假说

一种关于生物协同演化的假说，在演化生物学中相当重要。物种为了生存适应而不停地演化才可以对抗捕食者。但相对地，捕食者因应强大的演化压力，也必须不停地演化与之抗衡才能使自己有机会生存。一来一往的"军备竞赛"，其结果是物种本身在不停地改变，却只是为了维持存活的现状，相对于它们的捕食者来说，适应度并没有增强。此假说名字来源于《爱丽丝镜中奇遇记》里红皇后对爱丽丝说的一句话："你必须尽可能不停地往前跑，才能保持在原地。"

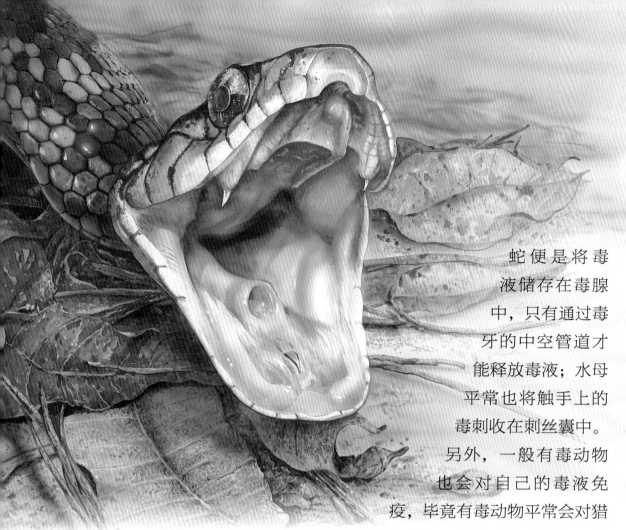

蛇便是将毒液储存在毒腺中，只有通过毒牙的中空管道才能释放毒液；水母平常也将触手上的毒刺收在刺丝囊中。

另外，一般有毒动物也会对自己的毒液免疫，毕竟有毒动物平常会对猎物注入毒液然后再将其吃下去，或是不小心让自己的毒液进入体内也是偶尔会发生的事。

毒蛇的毒液都储存在毒腺中，由口中的毒牙释出，而且一般毒蛇会对自己的毒液有抗性，因此不会中毒。

有毒动物通常能抵抗自己或是相近物种分泌的毒液，如大部分的蛇都对自己和同种类的蛇毒具有免疫能力，但是对亲缘关系较远的其他种类毒蛇的毒液就难以抵抗。像是蝮蛇通常都能抵抗同属蝮蛇科的蛇类的毒液，但对眼镜蛇的毒液就没办法了，同样地，眼镜蛇也对自己和同种蛇的毒液具有免疫能力，但无法抵抗蝮蛇毒。不过，部分黄颔蛇科的物种对其他蛇类的毒液也有很强的抵抗能力，而且其中有许多种类是专门吃蛇的。

有些神经毒素是以动物的神经系统为目标，干扰对方的神经信号，使神经细胞无法正常传递信号而产生麻痹，以此来达到致命效果，但为什么携带毒素的有毒动物不受影响？科学家以箭毒蛙为研究对象，发现箭毒蛙体内接收神经信号的受体发生变化，就如前面所提到的能够抵抗蛇毒的獴类一样，与毒素作用的受体发生突变，所以毒素无法发挥作用，而箭毒蛙自己又发展出另一种物质使受体能够接收并正常传递信号，这种机制确保了箭毒蛙不会被自身的毒素影响。

然而，事实上仍然有实验发现一些相反的结果：有一些响尾蛇与蝮蛇竟然会被自己的毒液毒死，或是只能忍受一定剂量以下的毒液，如果毒液量太多还是会死亡。目前对于这种情况，科学家还没有找到合理的解释。

毒蛇是人类演化的关键?

如果协同演化的结果是让有毒液的动物与抗毒液的动物的功能越来越强，那么那些会被毒蛇攻击的动物，更应该会演化出类似的抗毒能力吧？但是能够抵抗毒素的猎物种类其实少得多，而且抵抗毒素的能力比那些吃蛇的动物还低。

或许是因为演化上的限制，又或许是这些猎物并没有在毒液威胁下的生存压力。如果猎物同时面临不

剧毒珊瑚蛇

王蛇

黄颔蛇科下的王蛇属都是无毒蛇种类，它们大多能抵抗其他蛇类分泌的毒液，而且会捕食其他蛇类，包括有剧毒的响尾蛇。有些王蛇体表色彩斑斓，会让人误以为是相似外形的毒蛇，实际上它们没有毒。由于王蛇性情温驯，又容易照料，所以它成为蛇类爱好者常饲养的宠物。

芋螺

芋螺的毒液不但致命，而且种类繁多又复杂，几乎没有任何动物能完全对芋螺毒液中的所有毒素免疫。

同捕食者的攻击，而毒蛇仅占其中很小的部分，相较而言，被毒液毒死的可能性很小，那么逼迫它们演化出针对毒蛇的抗毒性显得并不实际，能量成本太高了。而如果像芋螺那样，毒液里面含有很多种毒素，产生混合作用，那猎物就更难对所有毒素都产生免疫。

灵长类似乎就是不太能演化出抗毒性的物种。虽然世界上没有任何有毒动物是以人类为猎物，存心要毒杀人类的，但人类在世界各地因误食或受有毒动物攻击中毒而死的案例数不胜数。也许只是单纯运气不好，这些毒液刚好对我们也有效果。不过也有学者认为人类是从另一个方向演化，这些蛇类可能就是驱动人类大脑演化的关键。

人类为何演化出比其他动物都要大得多的大脑？这个问题至今仍然争论不休，不过有理论指出人类的灵长类祖先在树上生活，寻找花和果实来吃，或许因此促进

多数蛇类都是伪装高手，能够将自己融入自然景物中而不被发现。

铜头蝮

了视觉系统的发展。加大的脑部不是用来思考或推理，而是用来快速处理视觉信息，而让视觉变得更敏锐。以前的蛇会捕食哺乳动物，而且毒蛇更具备精良的毒液系统，使得哺乳动物被迫演化出更强大的视觉系统。侦查这些捕食者需要这种敏锐的立体视觉，能识破蛇的伪装，使包含人类在内的灵长类动物一眼就能找出隐藏的蛇类，这使得灵长类以视力侦测捕食者的演化程度超过其他感官，这是一部分学者提出的"蛇侦测理论"。由于这样的视力改进需要复杂的神经系统，于是我们祖先的脑部逐渐变大以应付视觉信息的处理，更要能一眼看出蛇的所在。最后我们的祖先演化出以双足步行，双手便空出来得以使用工具，后来再发展出语言与更复杂的社会，演化成现在的我们。

这当然只是一种可能的理论，但不论毒蛇是否推动了人类的演化，它们能致死的特性确实影响了人类的演化。这些天敌成就了现在的我们，这样的影响也会在未来持续下去。

许氏棕榈蝮　　加蓬蝰蛇

在毒吻下生存
毒液研究与救命解药

谁才是最毒的动物？

世界上有这么多种有毒的动物，它们的毒液一旦进入我们的体内就很可能会让我们一命呜呼。那么到底哪一种动物是世界上最毒的呢？哪一种动物对人类来说是最危险呢？是那些长着毒牙的眼镜蛇吗？还是凶狠会蜇人的虎头蜂？或是咬一口就会致命的黑寡妇蜘蛛？还是色彩鲜艳华丽的箭毒蛙呢？

在找出答案以前，我们应该要先了解所谓"最毒"的意思是什么，是能产生致命的毒液吗？还是毒液的致死率最高呢？大多数人都只能提供一种模糊的概念，毕竟"最毒"这种形容无非是想吓唬人们，让你觉得这只小动物好厉害、好可怕，竟然可以杀人。一般人通常认为的"最毒"也许是指其致命毒液对人类有很高的致死率，研究致死率较好的方式，或许是比对人类的死亡百分比，也就是中毒后最容易死亡的。

最容易让人联想到跟致命毒液有关的，通常是毒蛇。蛇类与人类确实可说是彼此互相有着深远的影响，蛇类也是和人类互动最多的有毒动物之一。虽然毒蛇是被大部分人类所恐惧的对象，但是

有抗毒血清以前，所有毒蛇对人类而言都是致命的，但随着医学进步，有了抗毒血清后，人类被毒蛇咬后的致死率大幅降低。

62

其实在现今医学进步的情况下，毒蛇并没有想象中那么可怕的威胁与致死率，因为现在已经有蛇毒血清这类抗毒素，能够抵抗毒液的入侵，所以毒蛇已经不再有那么高的致死率了。

相较于其他毒蛇，眼镜王蛇的致死率就高多了。眼镜王蛇比一般的眼镜蛇体形还要巨大，虽然眼镜王蛇的外形与眼镜蛇很像，但它不属于眼镜蛇属，而是另外独立的眼镜王蛇属。眼镜王蛇这种大型毒蛇的毒液并非一滴就要人命，而是以量来取胜。眼镜王蛇是由短而且固定的毒牙来注入毒液，只要咬一口就可以送出 7 毫升的毒液，这足以杀死 20 个人。科学家估计被一般毒蛇咬伤的死亡率大约是 2%，但是被眼镜王蛇咬后的致死率在 50%—60%，是相当高的死亡率。因为通常被眼镜王蛇咬到的时候不会太疼，受伤者会误认为没什么大不了。但等到几个小时后，这种神经性毒液就会让人逐渐产生肌肉麻痹的感觉，接着会呼吸困难造成窒息，这时候受害者才了解到应该马上寻求医疗救助，但为时已晚。

高致死率的动物中还有一种无脊椎动物较为突出，

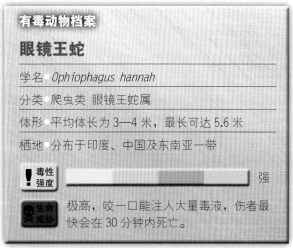

有毒动物档案

眼镜王蛇

学名 *Ophiophagus hannah*

分类 爬虫类 眼镜王蛇属

体形 平均体长为 3—4 米，最长可达 5.6 米

栖地 分布于印度、中国及东南亚一带

！毒性强度 　　　　　　　　　　　强

生命威胁 极高，咬一口能注入大量毒液，伤者最快会在 30 分钟内死亡。

那就是全世界致死率最高的螺类地纹芋螺，致死率高达 70%。会有这样高的致死率是因为毒液生效的速度快，受害者被芋螺蜇到后会在几分钟内因为全身麻痹而死亡，根本来不及就医，甚至连求救都来不及。美国国家科学基金会则是把澳大利亚箱形水母称作"地球上最毒的动物"，一只箱形水母体内的毒液量能杀死 60 个成年人，被它蜇中很有可能在数分钟内死亡，但意外的是，统计上的数字表示箱形水母的致死率并没有那么高，科学家认为很有可能是因为没有完整的记录，所以死亡数字被低估了。

虽然致死率能较准确地反映这些毒液有多危险，但仍无法呈现全貌。毒蛇之所以现在致死率没那么高，原因是人类研发出抗蛇毒血清，例如可怕的内陆太攀蛇毒性很强，但由于其抗蛇毒血清已经被研发出来，实际上致死率不是很高，可在抗蛇毒血清出现以前，它造成的死亡率几乎达百分之百。而且致死率无法显示出你遭遇到这些动物的频率，尤其许多有毒动物通常居住在茂密的雨林或是炎热的沙漠中，一般人可能

有毒动物档案

澳大利亚箱形水母

学名●*Chironex fleckeri*

分类●刺胞动物 立方水母目

体形●触须长度最长可达到 3 米

栖地●澳大利亚与新几内亚北部、菲律宾和越南沿海地区

毒性强度
极高，被认为是世界上最毒的动物。

生命威胁
极强，其剧毒可以在数分钟之内致人于死。

根本一辈子都遇不到。此外，以致死率来判定毒蛇的危险性是很有局限性的，因为大部分情况下会不会死亡其实取决于能否尽快接受治疗。致死率无法让你知道被杀死的可能性有多高，致死率低不代表被注入毒液也不会死，致死率高也不代表中毒后就一定活不了。基本上只要是有毒动物，其毒液是能对人类造成生命威胁的，都算是危险动物，不论致死率有多高。

海蛇

几乎所有海蛇都有极强且致命的剧毒，但是因为性情温驯，生活环境很少接触人群，毒牙短或注毒量不足，因此海蛇造成的死亡案例其实很少。

与死亡共舞

哪种动物的毒液毒性最高，有许多因素影响着，如果要用科学计量的方法来测毒液的致死程度高低，最常用的是"半数致死量"，简写为 LD_{50}。LD_{50} 是指能杀死一半实验动物所需的毒素剂量，通常以毫克/千克表示，实验动物通常是大鼠或小鼠。

LD_{50} 可以用来测量那些有毒动物毒性高低的约略值，LD_{50} 越低毒液就越毒，表示只要少许剂量就会有致命效果。但是这个数值只和致死有关，不能表现其他如疼痛、出血、麻痹、坏疽等痛苦不堪的表征效果。而且毒液注入方式还分成注射在血管或是肌肉中，不同的注射方式毒液效果会不同，也会影响 LD_{50} 的高低。例如将海岸太攀蛇的毒液直接注入血管中，比起使用皮下注射，LD_{50} 剂量低了将近 10 倍。

此外，由于 LD_{50} 是在实验小鼠或大鼠上测试，并不绝对表示那些毒素对人类的危险程度与此相同，毒液作用的部位是有相当针对性的，不同种类的动物对毒液的反应各自不同，效果也不一样。像是天竺鼠对黑寡妇蜘蛛的毒液敏感程度要高出小鼠 10 倍，高出蛙

类 2000 倍。通常我们在谈论毒液强弱时，都是以对人类而言毒性的高低为考虑。但 LD$_{50}$ 测试是以老鼠作为实验对象来评价毒液毒性高低，但对老鼠而言致命的毒素，对人类可能不太有效果；对哺乳动物有毒性的，对两栖动物、节肢动物或鸟类却不一定有相同的作用。而且，测量 LD$_{50}$ 实验大费周章，虽然科学家已经研究了很多种能够分泌毒液的动物，依然还有许多动物分泌的毒液未进行过测试，有些物种因此无法比较毒性，而它们可能会是世界上最毒的动物。

评估一种有毒动物对人类而言的危险性，最合理的方式应该是看这种动物每年造成多少人死亡，以此判断人类死于这种动物的风险高低。现今，毒蛇造成的死亡人数仍然是相当多的，每年杀死的人数达上万。若只看 LD$_{50}$ 的话，有些毒蛇毒性并不强，但它们会出

半数致死量（LD$_{50}$）

半数致死量简称 LD$_{50}$，是指能杀死一半实验动物总数之有害物质或毒物的剂量。描述有毒物质毒性的常用指标，也能用来测量那些有毒动物的毒性。注射方式不同，毒液的 LD$_{50}$ 也不同，通常分为皮下注射、腹腔注射与静脉注射。LD$_{50}$ 使用单位为毫克／千克 (mg/kg)。

澳大利亚箱形水母

0.011，静脉

黑寡妇蜘蛛

0.90，皮下

地纹芋螺

0.001—0.03（估计值）

毒鲉鱼

0.02，腹腔；0.3，静脉

中华眼镜蛇

0.67，皮下

阔带青斑海蛇

0.34，皮下

海岸太攀蛇

0.013，静脉；0.11，皮下

北美短尾鼩鼱

13.5—21.8，腹腔

没在人口密集地区与周围区域，容易接触人类，所以很多人会被咬，尤其是像印度那种人口密集的国家。而且即使现在已经研发出抗蛇毒血清，但贫穷的人们被咬的话很难获得医疗救助，穷人也难以支付庞大的医疗费，往往选择忽略而延误就医，造成死亡。内陆太攀蛇这种 LD_{50} 测试中测出毒性最强的，往往栖息地偏远，或是在人迹罕至的地区，因此很少有人遇到它们而被咬伤，死亡案例反而相当少见。

虽然毒蛇造成的死亡人数已经相当多，可说是世界上致命的有毒动物，但要比起每年致死的人数，却不是最骇人的。还有一种有毒动物，造成的死亡人数远超其他动物的 10 倍以上。这种有毒动物是蚊子，其每年造成的死亡人数高达 70 万人以上。

蚊子的致死性不是因为毒液，蚊子的毒液主要是让叮咬部位组织抑制凝血，并使血管扩张，方便自己吸血，外加使组织局部麻痹，使被叮咬的人没有感觉并且不会反抗，这样蚊子才能成功吸完血后离开。事实上，蚊子的毒液并不会致死，致死的是毒液附加隐藏的病原体，如以蚊子为媒介传染的疟疾、登革热、

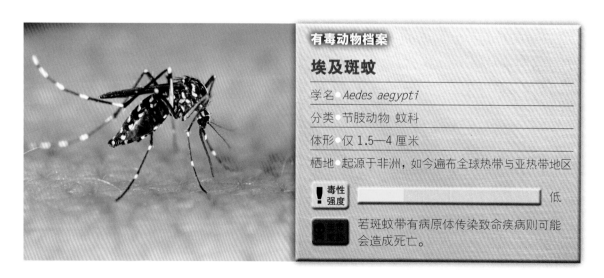

有毒动物档案

埃及斑蚊

学名● *Aedes aegypti*

分类● 节肢动物 蚊科

体形● 仅 1.5—4 厘米

栖地● 起源于非洲，如今遍布全球热带与亚热带地区

！毒性强度　　　　　　　　　　　低

若斑蚊带有病原体传染致命疾病则可能会造成死亡。

艾伯特·卡密特

卡密特是第一位研发出
抗毒血清的学者，他以
前曾经在法国向微生物
学之父巴斯德学习，在
巴斯德的推荐下来到越
南西贡市研究。因当地
眼镜蛇兴盛，居民经常
被蛇咬伤，卡密特不断
研究治疗毒伤的方法，
后来成功制造出抗蛇毒
血清。这项成果也使得
毒素或微生物引发的疾
病，得以用抗血清来治
疗，不过卡密特最重要
的贡献是研发出能治疗
结核病的卡介苗。

日本脑炎等。虽然蚊子的毒液本身无害，但也因为有
蚊子的毒液才能让病原体顺利进入体内，致命的疾病
才会传播开来，造成每年数十万人死亡。

寻找救命解药

被有毒动物攻击并注射毒液至体内，即使是致命
的毒液，也不用慌张，因为现在医学上已经有许多能
对付毒液的救命解药。其中，因自古以来被毒蛇咬伤
的案例相当多，所以毒蛇的蛇毒研究是相当完整的，
当然也会有能应付蛇毒的抗毒素。

蛇毒的研究在 19 世纪末出现重大突破，人们发现
了治疗毒蛇咬伤的秘密。1896 年，艾伯特·卡密特发
明了抗蛇毒血清，运用他的导师路易斯·巴斯德制造
狂犬病疫苗的类似方法来制造。卡密特将蛇毒注射到
马的身体中，接着取出马的血清，注射到被蛇咬的人
身上，这就是世界上首批抗蛇毒血清。抗蛇毒血清可
以让身体的免疫系统制造出能与毒素结合的抗体，使
毒素无法造成伤害。

现在在制作各种有毒动物的抗毒素时，都会拿动
物作为"活工厂"，而通常对象是体形大的马。注入
毒液后马的死亡率较低，血量充足，可以一次取得更
多血清，而且容易照料，可以维持高产量，是当作生
物工厂的首选。科学家会先确定毒液剂量，然后像接
种疫苗般注射到动物体内。几个星期后，动物体内的
血液中产生能对抗毒液毒性的抗体，再把抗体提取出
来。这些成品就是能对抗毒素的抗体，在人类被毒蛇
或其他有毒动物蜇咬后及时注入，通过与毒素中的蛋
白质结合来抑制毒性，可以从致死的动物蜇咬中拯救
数百万条人命。

但抗毒素并非完美无缺，动物的免疫反应几个月后就会消失，而且提取出来的抗体也有保存期限，所以要一直持续注射才能维持产量，制造成本高昂。此外，因为是从动物身上取得的血清，所以难免也会取得其他动物的蛋白质，进入人体很有可能会产生过敏反应，出现严重的副作用。

毒蛇因为毒液容易取得所以能制造足够的血清，

蛇毒血清制作流程

① 从蛇的毒牙中萃取出毒液。

② 将蛇的毒液减弱毒性后，注入马匹中。

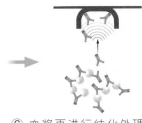

③ 马匹注射毒液剂量逐步增加，等待免疫反应产生抗体。

④ 数周后可以抽血检查，注入中了蛇毒的小鼠体内，若小鼠成功存活，则可以抽血取抗体。

⑤ 将血液静置隔夜，再用离心机将血液中的血球与血浆分离，只取上面淡黄色的血浆，那是抗体存在的部位。

⑥ 血浆再进行纯化处理，萃取出含有蛇毒抗体的血清。

⑦ 经过混合、沉淀、过滤、透析等流程，制成血清原液。

⑧ 将原液经过剂量调制配方检验质量，制造出抗蛇毒血清。

⑨ 将抗蛇毒血清运送至各大医院存放，治疗被蛇咬伤的患者时使用。

从毒蛇的毒牙中萃取出毒液，毒液会注入瓶中累积，成为制作蛇毒血清的材料。蛇的毒液较容易取得，一条可以累积数毫升，多的累积起来甚至可以达几升。

米哈尔·塔兹维特
米哈尔在1900年发明了色层分析法，率先用于分离植物的色素，能够分离出叶绿素、类胡萝卜素等不同色素，从而分析里面的物质。

也有相当丰富的研究，但其他动物如水母、蜘蛛，体形小难以取出毒液材料，毒液产量又低，也就迟迟无法制造对应的血清。而抗蛇毒血清只能针对该种类或少数种类的毒蛇毒液，对其他不同种类的毒液通常没效果。科学家现在希望能够寻找到通用的抗蛇毒血清，简化疗程，也能在不确定被哪种毒蛇咬伤的情况下成功治疗。

毒液也是解药

早期人们对毒液没有什么深入研究，大多还只是做功能上的利用，不过人类从很久以前就尝试使用毒液做治疗。最古老的毒液疗法是蜂疗，最早的蜂疗记录可以追溯到2世纪的盖伦，他认为用压碎的蜜蜂混合蜂蜜涂抹头顶可以治疗秃头。而据说8世纪的法国国王查理曼用蜂毒治疗痛风，俄国沙皇"恐怖伊凡"也曾经用蜂毒治疗关节炎。蛇毒在以前也会用于医疗，罗马共和国时期的密特里达提六世曾经使用蛇毒中的止血特性，来治疗战场上受到的致命伤。这些过去的毒液治疗记载大多是古人尝试出来的，但他们并不晓得为什么毒液可以治疗伤病，也不晓得其中的运作机制，所以这些充其量都只是民俗疗法，没有什么严谨的根据。

直到17世纪才开始有科学家系统地研究这些危险的有毒生物，后来分类学兴起，科学家开始将分泌毒液的动物分门别类。到了19世纪末，越来越多科学家对毒液产生兴趣，刺激技术进步，构成现代毒液研究的基础。这也是因为越来越多的科学家意识到毒液在临床医疗上的重要性，尤其在发现能用蛇毒血清对抗蛇毒之后。他们开始注重测定毒性强弱、观察生理反应或探究治疗成效，来了解毒液引发的各种效应，这是科学家首次对毒液进行可靠的研究。

早期的毒液研究关注的都是单纯的临床试验，当时科学家注重的是毒液剂量、中毒程度状况与治疗方法。到了 20 世纪 40 年代，除了医学临床上的研究，也有一些科学家进行分子机制的研究，开始了解毒液并区分其中的各种成分。到了近代，人们对毒液有了全新的看法：毒液也可以当作药物使用，而且潜力无穷。毒液研究到了近代才真正展开。

要想将毒液中的各种成分一一分离出来，需要有更好的生物技术。20 世纪初期，俄国科学家米哈尔·塔兹维特发明了色层分析，这原是分析植物色素的方式，后来发展出许多变化与改良，可以利用此法来分离并确认毒液中的成分。20 世纪 50 年代，高效液相层析法发展出来，是目前研究毒液最重要的科技。此外，凝胶电泳法也被发明出来，可以用来分离出毒液中不同大小的蛋白质。现代的毒液研究便主要利用上述这两种科技，检验毒液中的各种成分，测试这些成分的活性，并找出主要引发毒液效果的成分。

经由这些研究成果，科学家找到了许多种毒液成分，而且实验发现它们产生的效果后，有些甚至真的可以制作成药物。例如，由芋螺毒素中萃取出的 ω-芋螺毒素胜肽，成为美国食品与药物管理局认可的药物普赖特，这也是第一种从芋螺毒液中发展出来的药物；希拉毒蜥毒液中的化合物艾塞丁素，发展出来的药物降尔糖改革了治疗糖尿病的方式；还有从巴西矛头蝮蛇的毒液中找到一种成分，被制作成药物卡托普利，这是一种能治疗高血压与心脏衰竭的药物，上市

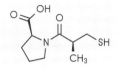

卡托普利药物的主要作用是舒张血管，被应用于治疗高血压和某些类型的充血性心力衰竭，是由巴西矛头蝮蛇毒液中萃取出来的一种成分制成的。

巴西矛头蝮蛇

巴西矛头蝮蛇在美洲地区造成最多居民被咬伤致死的灾情，有 85% 的毒蛇受害者都是被这种毒蛇咬伤，是当地人最害怕的毒蛇。然而，科学家从巴西矛头蝮蛇的毒液中找出一种成分能降低血压与治疗心脏疾病，后来被制作成治疗高血压的药物卡托普利。致死的毒液变成治疗疾病的解药。

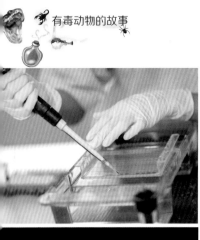

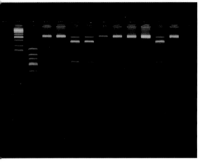

凝胶电泳法

在强力的电场作用下，各种氨基酸和蛋白质因带有电荷而在胶体中向电场方向移动。不同大小的物质移动速度不同，因此凝胶电泳法是生物化学中分离物质的常用方法。

后一直都很畅销。

然而，因为当时的分离与测定方法需要大量毒液，有些毒液分析研究受到限制。因为蛇毒容易取得且可以反复获取，人们能够持续稳定得到大量毒液。但是其他许多动物的毒液产量很低，甚至只能收集到实验所需分量的千分之一，这么少量实在很难进行详尽分析。不久之后，更好的技术出现了，改善质谱分析与核磁共振让科学家可以解析不同分子的化学结构，只需要少量毒液就足以分析成分，找出引发毒液效应的分子。

到了 20 世纪 90 年代，另一个新科技——基因组学，彻底改变了科学家研究有毒动物与其毒液的方式。科学家可以直接利用基因测序，研究物种之间的演化关联与亲缘关系，也有方法比较毒素和其他蛋白质序列间的不同，以了解毒液的演化过程。科学家可以定序出毒液腺体中表现出来的蛋白质，却不需要用到任何一滴毒液就可以研究其组成成分。将分析毒液成分与基因组学结合并整合研究，甚至发现许多过去没有发现的东西。经由数十种物种毒液成分的比较，可以发现许多不同种动物的毒液之间有高度相似性——鸭嘴兽毒液中含的毒素，竟然与毒蛇、蜘蛛制造的毒素相近；河豚中的毒素和芋螺、蓝环章鱼、蝾螈等不同种动物都有相似性；而林鵙鹟与箭毒蛙身上也有相同的毒素。

现在科学家不需要纯化毒液了，只要研究这些动物的基因就能找出毒素，实在比以前方便许多。也因为医学毒液研究上的进步，有些毒素被发现可以用来治疗一些其他药物无法完全治疗的疾病，例如癌症。

在临床实验中发现，在蜜蜂、蝎子、蛇类、芋螺或鼩鼱的毒液中，有些成分可能是可以治疗癌症的药物。除此之外，蜈蚣的毒液能消除剧痛，海葵的毒液能应付自体免疫疾病，毒蛇毒液中具备能对抗疟疾的成分。还有对人类来说导致不治之症的人类免疫缺陷病毒(HIV)，科学家发现蜜蜂毒液中的一种成分能攻击这种病毒，倘若能成功转化成药物，治疗这种全球性的感染疾病，也许能拯救每年被病毒杀死的150万人的性命。如果这些毒液都能变成药物，那每年也许能让5亿人受益。你想到的疾病，也许都能用某种毒液中的成分来治疗。

这些有毒动物能够演化到现在，历程中有数不清的生存与适应环境的变化，最后累积了代代繁衍留下来的生物信息。它们的毒液更是长期演化累积下来的结果，那可是人类万万想不到的优秀产物。但人们总是害怕这些毒物，想要除之而后快，可是也许某一天，它们身上的毒液会成为能治疗世界上数十万人疾病的解药，这是人类无法创造出来的。如果我们不能保留这些丰富的生化资产，保护多样性的生物，一旦这些充满可能性的潜在药物消失，岂不是人类的一大遗憾？

人类的所作所为对动物的生态造成冲击，而有些动物我们从来没接触过，甚至还未被我们发现，就可能被人类造成的环境污染扼杀殆尽。让这些有毒动物好好地生存在这个世界上，我们的生物数据库才拥有更多的可能性。但愿我们能以更大的包容与这些有毒动物共存，不只是为了它们，更是为了我们自己。

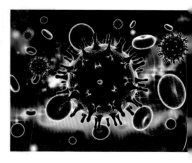

人类免疫缺陷病毒 (HIV)

病毒感染会造成人类免疫缺陷症候群，导致艾滋病发生。这种病毒会直接攻击人体内的免疫系统使免疫系统瘫痪，使人体无法抵抗其他细菌感染或病毒入侵，造成多种疾病并发感染。不过HIV只能通过体液或血液感染，与患者日常接触是不会被感染的。

节肢动物门			棘皮动物门

蜘蛛

虎头蜂

蜱（pí）

海星

蝎子

隐翅虫

毒蝶

海胆

蜈蚣

步行虫

毒蛾

海参

耀夜萤

蚂蚁

有毒动物种类分布

刺胞动物门

珊瑚

海葵

水螅

箱形水母

环节动物门

沙蚕

水蛭

软体动物门

芋螺

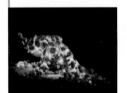
蓝环章鱼

火焰乌贼

海蛞蝓

1 保持镇定，悄悄远离危险，尽可能辨别毒蛇的种类或形状、颜色及特征。

2 除去咬伤部位周边会阻碍血流的衣裤配饰，如戒指、手表、手环等，并尽量减少活动。

3 使伤肢低于心脏，可用弹性绷带或三角巾在伤口上方靠近心脏处包扎，减缓血液回流速度。包扎不宜过紧，需要容许手指伸入空间以维持血液流畅，每隔几分钟放松一次。除了简单包扎外，不要碰触或清洗伤口。

4 尽快送往附近的医院救治，通常大型医院均备有抗毒蛇血清。

千万不可做

- 不要过度惊慌，进行剧烈奔跑活动
- 切勿切开伤口
- 切勿冰敷伤口
- 切勿使用止血带
- 不要以口吸取毒液
- 不要喝酒、茶、咖啡等刺激性饮料

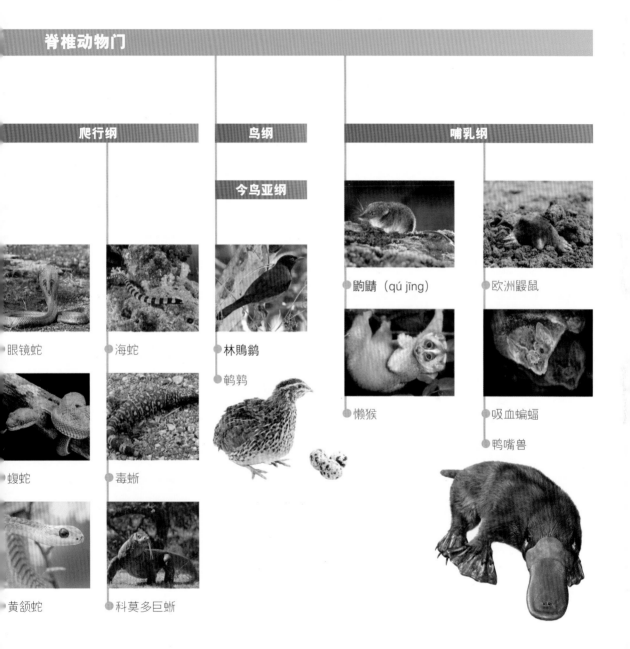

脊椎动物门

爬行纲

眼镜蛇

海蛇

蝮蛇

毒蜥

黄颔蛇

科莫多巨蜥

鸟纲

今鸟亚纲

林鹏鹞

鹌鹑

哺乳纲

鼩鼱（qú jīng）

欧洲鼹鼠

懒猴

吸血蝙蝠

鸭嘴兽

1

将蜇伤部位放低，如刺针留在皮肤上，用镊子或针轻轻挑出蜂刺，不要用手去挤，以免注入更多毒液。

2 蜂毒属于微酸性，可以使用碱性的氨水或小苏打水涂抹伤处以中和毒液。

3

用冷敷以减轻疼痛和肿胀，但不要直接在伤口上面用冰敷。

4 蜂毒可能会引起过敏反应导致休克，当伤者出现呼吸困难、意识不清、昏迷等症状时，一定要立即送医救治。

不小心惹来蜂群围攻，请采用下列方法自救

- 被蜂群攻击时，应赶紧向来路快跑，团体被攻击应分开跑。
- 立刻用外套遮住头部和其他外露部位，尽量减少被蜇概率。
- 躲进芒草堆、矮树丛中，再伺机离开。
- 跳进水中，淹没全身（但须注意水中安全）。
- 准备蜂蜇急救包，不幸被蜇时可先行急救，务必尽快就医。

鱼类

两栖纲

● 鲉鱼

● 金钱鱼

● 箭毒蛙

● 鳗鲇

● 蓝子鱼

● **河豚**

● 蝾螈

● 海鲇

● 蟾蜍

图书在版编目（CIP）数据

有毒动物的故事 / 小牛顿科学教育公司编辑团队编著 . -- 北京 ： 北京时代华文书局，2019.9
（小牛顿科学故事馆）
ISBN 978-7-5699-3122-8

Ⅰ . ①有… Ⅱ . ①小… Ⅲ . ①有毒动物－少儿读物 Ⅳ . ① Q95-49

中国版本图书馆 CIP 数据核字 (2019) 第 145857 号

版权登记号 01-2019-2671

文稿策划：苍弘萃、余典伦
美术编辑：施心华

图片来源：
Wikipedia：
P8~P9、P14、P19、P28、P44、P47、P51、P68、
P70
Shutterstock：
P4~P7、P9、P11~P13、P17~P18、P21~P23、
P26、P29~P34、P36~P38、P40、P44、P46~P50、
P52~P53、P55~P57、P59~P67、P69~P73、P75~P78

Dreamstime：
P12、P22、P25、P29、P72
Alizada Studios/Shutterstock.com：P37

插画：
陈瑞松：P74、P79
施心华：P23
牛 顿 ／ 小 牛 顿 资 料 库：P6、P10、
P15~P17、P19、P21、P24~P25、P27、
P32、P35~36、P39、P41~43、P45、P54、
P58、P77

有 毒 动 物 的 故 事
Youdu Dongwu de Gushi

编　　著 | 小牛顿科学教育公司编辑团队

出 版 人 | 陈　涛
责任编辑 | 许日春　沙嘉蕊
装帧设计 | 九　野　王艾迪
责任印制 | 刘　银

出版发行 | 北京时代华文书局 http://www.bjsdsj.com.cn
　　　　　北京市东城区安定门外大街 136 号皇城国际大厦 A 座 8 楼
　　　　　邮编：100011　　电话：010-64267955　64267677
印　　刷 | 小森印刷（北京）有限公司　010-80215073
　　　　　（如发现印装质量问题，请与印刷厂联系调换）
开　　本 | 787mm×1092mm　1/16　印　张 | 5　字　数 | 74 千字
版　　次 | 2020 年 1 月第 1 版　　印　次 | 2020 年 1 月第 1 次印刷
书　　号 | ISBN 978-7-5699-3122-8
定　　价 | 29.80 元